在线水质分析仪器

ZAIXIAN SHUIZHI FENXI YIQI

杨 波 王 森 郑 波 等 ◆ 编著

重庆大学出版社

内容提要

本书是一部在线水质分析仪器及其应用技术方面的专著。全书共 15 章,内容包括在线水质分析仪器的主流技术和主要应用情况,重点介绍了水质参数在线分析仪、水中有机污染物在线分析仪、水中营养盐在线分析仪、水中重金属在线分析仪和其他常用在线水质分析仪的原理、结构、特点及使用维护知识等。

本书主要读者为在线水质分析仪器的研制、使用、维护、管理、工程设计人员和环保监管监测人员,可供给排水行业、工业水处理行业和水质监测行业等相关从业人员参考,也可供大专院校有关专业师生参考。

图书在版编目(C I P)数据

在线水质分析仪器 / 杨波等编著. -- 重庆 : 重庆
大学出版社,2020.2(2022.12 重印)
ISBN 978-7-5689-1931-9

Ⅰ. ①在… Ⅱ. ①杨… Ⅲ. ①水质监测—环境监测仪
器—高等学校—教材 Ⅳ. ①X853

中国版本图书馆 CIP 数据核字(2019)第 290146 号

在线水质分析仪器

杨 波 王 森 郑 波 等编著

策划编辑:杨粮菊

责任编辑:杨粮菊 涂 昀 版式设计:杨粮菊
责任校对:王 倩 责任印制:张 策

*

重庆大学出版社出版发行
出版人:饶帮华

社址:重庆市沙坪坝区大学城西路 21 号
邮编:401331
电话:(023) 88617190 88617185(中小学)
传真:(023) 88617186 88617166
网址:http://www.cqup.com.cn
邮箱:fxk@ cqup.com.cn(营销中心)
全国新华书店经销
重庆俊蒲印务有限公司印刷

*

开本:787mm×1092mm 1/16 印张:9.75 字数:257 千
2020 年 2 月第 1 版 2022 年 12 月第 2 次印刷
ISBN 978-7-5689-1931-9 定价:48.00 元

前言

随着《水污染防治行动计划》的实施和《中华人民共和国水污染防治法》的第二次修订并施行,治污减排的需求日益明显,在线水质分析技术也由传统的工业水处理行业逐步向两大新领域拓展:环境监测领域和给排水行业。目前,市面上的与水质分析相关的书籍多数采用实验室分析方法,缺少对在线水质分析仪器系统、完整的介绍。为此,我们花费近4年的时间,反复修改原稿,尽量贴近实际工程,将实际工程中使用的典型技术和典型仪器包含在本书中,为水质监测行业、给排水行业和工业水处理行业的从业人员提供参考,同时也为仪器仪表、自动控制、环境工程、应用化学等专业的本科生和研究生提供参考。

全书分为15章。第1章介绍在线水质分析仪器的发展历史、类别和实现技术、发展趋势和前景,以及在国内的主要应用情况。第2章介绍在线水质分析仪器的主要应用领域,重点介绍以生活饮用水和污水处理及排放为代表的给排水行业,以及以地表水和地下水等为代表的环境监测行业。第3—6章介绍常用的水质参数在线分析仪的原理、结构、特点及应用等,包括pH/ORP在线分析仪、电导率分析仪、浊度和悬浮物浓度以及污泥界面在线分析仪、溶解氧在线分析仪等。第7章介绍余氯分析仪的原理与应用。第8章介绍水中有机污染物在线分析仪的原理及应用,包括COD在线分析仪、TOC在线分析仪、UV吸收在线分析仪和水中石油类污染物测定仪等。第9—12章介绍水中营养盐在线分析仪的原理及应用,包括氨氮在线分析仪、硝氮在线分析仪、总氮在线分析仪和总磷及正磷酸盐在线分析仪等。第13—15章介绍其他常用的在线水质分析仪器的原理及应用,包括硅酸根分析仪、钠离子分析仪和水中重金属离子在线分析仪等。

本书各章编写情况如下:第1章(郑波、杨波);第2章(杨波、郑波、王淼);第3、4章(王淼、杨波);第5章(郑波、王淼);

1

第 6 章(王森、郑波);第 7 章(杨波、郑波);第 8 章(杨波、王森);第 9 章(郑波、王森);第 10 章(杨波、郑波);第 11 章(杨波、王森);第 12 章(王森、郑波);第 13 章(王森、杨君玲);第 14 章(杨波、柏俊杰);第 15 章(杨波、聂玲)。参与本书编写和审定的人员还有:哈希水质分析仪器(上海)有限公司雷斌、潘振江、郝祺、胡璇;重庆科技学院李作进、王雪、辜小花、张小云、曾建奎。

本书参考了大量公开发表的文献和网上资料,尽管已在参考文献中列出,但难免有疏漏,在此致以衷心的感谢。由于编者水平有限,书中难免存在不当和欠缺之处,欢迎广大读者提出宝贵意见。

编　者
2019 年 10 月

目录

1

第 **1** 章
绪 论

1.1 在线水质分析仪器的发展历史

过程工业(process industry)也称为流程工业,是指通过物理变化和化学变化进行的生产过程,比如石化、电力、冶金等工业,其典型的特征是连续生产,且原料、生产工艺等具有变动性,需要测定工艺控制参数实现工艺控制。但传统的分析方法有一定的时间滞后,无法及时反馈以调整工艺。20 世纪 40 年代,随着计算机的出现和应用,在工业领域兴起自动化控制的浪潮,对能实现实时监测的仪器需求越来越强烈。

工业水处理作为流程工业的一部分,其工艺流程也同样有了这方面的需求。早期的实时液体监测仪器,主要检测对象是物理量,如温度、压力、液位、流量等。随着化学分析仪器技术的突破,能应用于工业水处理过程水质连续监测的仪表应运而生,即为在线水质分析仪。20世纪 50—60 年代,应用比较广泛的是工业水处理流程的在线 pH 分析仪和在线电导率分析仪。到了 20 世纪 70 年代,新的分析技术开始应用于在线水质分析仪器,如光谱技术,一批新的水质在线分析仪开始面世,如在线浊度仪、在线 COD 分析仪、在线 TOC 分析仪等。在线水质分析仪开始进入两个新的领域:一是环境监测领域,据统计,美国在 20 世纪 70 年代中期就在全国范围内建立了覆盖各大水系上千个自动监测站,连续测定 pH、浊度、COD(Chemical Oxygen Demand)、TOC(Total Organic Carbon)等;二是以污水处理和自来水为代表的给排水行业,比如自来水厂引入了在线余氯分析仪和在线浊度分析仪,污水处理厂引入了在线溶解氧、在线悬浮物浓度计等。生产过程的自动化在帮助企业提高产量和产品质量、降低能耗、保证生产安全、提高劳动生产率等方面起到了重要作用。如当时日本横滨南部污水处理厂,已经走上了自动化道路,日处理污水量为 2.68×10^5 m³(包括污水处理),操作管理人员为 59 名。而同时期上海金山石油化工总厂污水厂,日处理污水仅 $(2 \sim 4) \times 10^4$ m³,操作管理人员达到 200~300 人。同时,由于采用自动化控制,曝气池节约电力约 10%,COD 去除率提高约 5%,处理后出水透明度提高约 12%。

表 1.1 是常见在线水质分析仪在世界范围内各个领域开始广泛应用的大致时间。早期在线水质分析仪主要应用于流程工业中的水系统,包括工业纯水、锅炉水和循环水。随后在

给排水行业和环境监测领域,在线水质分析仪得到了高速的发展。目前,环境监测领域是水质在线分析仪的主要应用领域。

表 1.1　常见在线水质分析仪开始广泛应用的大致时间

		1960s	1970s	1980s	1990s	2000s	2010s
流程工业	工业纯水	pH、电导率	硅表、钠表	余氯	酸碱浓度计、SS	TOC	污泥密度指数
	工业锅炉水及蒸汽	pH、电导率	微量溶解氧、联胺、钠表、硅表、磷表		氯离子、硬度	溶解氢	
	工业循环水		pH、电导率	浊度、余氯	酸碱浓度计、总磷		水中油
水工业	自来水		pH、电导率	浊度、余氯		流动电流仪、颗粒计数仪、铝离子	
	污水处理		pH	溶解氧、污泥浓度计	污泥界面仪、ORP	氨氮、硝氮、磷酸盐	菌类
环境监测	污水排放		pH、COD	氨氮	总磷、总氮	氟化物、氰化物	TOC、重金属
	地表水		pH、电导率、浊度、溶解氧	COD、氨氮	总磷、总氮	TOC、高锰酸盐指数、藻类、毒性	菌类、重金属、水中 VOC、水中油

1.2　在线水质分析仪的类别和实现技术

1.2.1　在线水质分析仪的类别

按照国际标准化组织(ISO)代号 ISO 15839—2006《水质-在线传感器/分析设备的规范及性能检验》标准的定义:"在线分析传感器/设备(on-line sensor/analyzing equipment)是一种自动测量设备,可以连续(或以给定频率)输出与溶液中测量到的一种或多种被测物的数值成比例的信号。"根据定义,在线水质分析仪的分类,除了可以用表 1.1 的应用行业进行分类,如污水表、环境监测类仪表,还可以有以下 3 种分类:

①根据核心分析部件的类型,在线水质分析仪可以分为传感器(sensor)和分析仪(analyzer)两类。水质传感器是指能感受溶液中被测量物质并按照一定的规律转换成可用信号的器件或装置,通常由敏感元件和转换元件组成。一般而言,传感器比较小巧,直接接触待测水样,实现连续测量。早期的在线水质分析仪,大多数属于传感器类,比如 pH、电导率、

ORP、溶解氧等。为了让测量信号直观显示为待测量物质浓度，并根据输出信号实现自动化控制，在实际应用上配合传感器使用的还会有一个控制器，俗称二次表。但是，随着人们对在线水质分析仪需求的扩展，一方面应用的环境越来越复杂和恶劣，很多时候需要对样品进行预处理，如降温、减压、除油、沉降等；另一方面越来越多的参数涉及复杂的分析过程，简单的传感器无法实现测量这类参数的需求。因此人们开始开发了结构相对复杂在线水质分析仪，其一般具备自动采样、自动预处理、周期性分析、仪器自带显示和信号传输的特点。大多数环境检测领域的在线水质分析仪都属于这一类别，比如 TOC、COD、氨氮、总磷、总氮等。

②根据应用目的的不同，在线水质分析仪又可以分为过程型和监测型两大类。过程型分析仪器主要用于水处理工艺过程，所测量的水质参数会用于，甚至直接参与过程控制，以优化水处理工艺、提升水处理效率，在保证末端水质达标的前提下，实现水处理过程节能降耗的目的。过程型分析仪器更多要求原位、实时、连续监测，对仪器的可靠性、测量速度要求较高，这类仪表主要集中在工业和水处理行业。监测型分析仪器主要以获取水质参数数据为目的，以判断水质是否达到法规的要求，不参与水处理工艺过程控制。监测型分析仪器对测量数据的准确度要求较高，数据可以作为有关部门进行执法管理的依据，对检测原理和方法有一定要求，尽可能采用成熟的分析技术，甚至与国际、国内的标准分析仪方法一致。同一台仪表在不同的应用领域可能分属不同类别，比如浊度，在饮用水工艺中属于过程型，但是在地表水监测中属于监测型。

③根据安装方式的不同，在线水质分析仪可以分为原位（in-situ）安装方式和取样式（on-line）安装方式两大类。原位安装方式是指采用原位测量分析，分析仪直接安装在待测水样的环境中，这种类型的安装方式主要是传感器类。取样式安装方式是指样品通过主动或被动的方式定量送到安装在现场的在线分析仪的安装方式。采用原位安装方式的传感器，具有分析数据直接反映样品特点、响应速度快等优点，缺点是对传感器的材质要求较高，较难设计自清洗、自校准等功能；后者采样及预处理过程可能会引入误差，分析周期较长，但功能上较为完备，降低后期的运维时间。

1.2.2 在线水质分析仪的分析技术

作为分析仪器的一个类型，在线水质分析仪的分析技术主要源于实验室分析技术，在实验室方法应用成熟后往往会被开发为在线分析仪。以最早开始应用，范围也最广的在线 pH 分析仪为例，pH 的概念和定义由丹麦学者索伦森教授于 1909 年提出，世界上第一台商业 pH 计由美国化学家阿诺德·贝克曼博士于 1936 年研制生产，其传感器是基于电化学玻璃电极原理的 pH 电极。20 世纪 40 年代末，随着自动化控制的兴起，基于电化学玻璃电极法的在线 pH 分析仪诞生了。

由于在线水质分析仪在制造工艺上要兼顾自动化要求和复杂现场工况的要求，并不是所有的实验室方法都适合作为在线水质分析仪器的分析技术。目前主要的分析技术如下。

（1）电化学分析法

电化学分析法是仪器分析一个很重要的组成部分，它是基于物质在电化学池中电化学性质及变化规律进行分析的一种方法，通常以电位、电流、电荷量和电导等电化学参数与被测量物质的量之间的关系作为计量基础。目前基于电化学分析法的在线水质分析仪器，有以下四大类：

3

1) 离子选择性电极:将一个指示电极和一个参比电极与溶液组成电池,指示电极的电位与溶液中待测物质的浓度直接相关。它又可分为原电极(primary electrode) 和敏化电极(sensitized electrode) 。前者是电极敏感膜直接与溶液接触,敏感膜产生的电位与待测离子浓度相关,比如玻璃电极。后者是在原电极的基础上装配了敏化膜,溶液中的待测物质在敏化膜上或敏化膜内改变某个特征量,原电极通过测量这个特征量的变化来得到待测物质的浓度,比如气敏电极和酶电极。离子选择性电极的典型代表是 pH 电极,可以把它理解为氢离子选择性电极。目前采用离子选择性电极法的在线水质分析仪有 pH、氯离子、铵离子、氨氮、硝酸根离子、氟化物、余氯/二氧化氯/臭氧、钠离子、溶解氧等分析仪。

2) 电位滴定:在指示电极、参比电极和待测溶液组成的测量系统中,定量加入滴定剂,在化学计量点附近,由于被滴定物质的浓度发生突变,指示电极的电位随之产生突跃,由此即可得到滴定终点。可以认为电位滴定法的电位变化代替了经典手工滴定法指示剂颜色变化确定终点。目前采用电位滴定法的在线水质分析仪有硫酸盐、硫化物、氯离子、高锰酸盐指数、硬度、挥发性脂肪酸(VFA)等。

3) 溶出伏安法:先将被测物质以某种方式富集在电极表面,而后借助线性电位扫描或脉冲技术将电极表面富集的物质溶出,根据溶出过程得到电流-电位曲线来进行分析。目前采用阳极溶出法的在线水质分析仪主要用于测定水中重金属,如汞、铅、砷、锑、铜、锌、银等。

4) 电导法:通过测量溶液的电导来分析被测物质含量的电化学分析方法。目前采用电导法在线水质分析仪有电导率仪、纯水 TOC 分析仪。

(2) 光学分析法

光学分析仪是基于分析物和电磁辐射相互作用产生辐射信号的变化。光学分析法又可分为光谱法和非光谱法,前者测量信号是物质内部能级跃迁所产生的发射、吸收等光谱的波长和强度;后者不涉及能级跃迁,不以波长为特征信号,如折射、干涉等。基于光学分析法的在线水质分析仪器近年来发展迅猛,是在线水质分析仪器中最大的一类。

目前广泛使用的基于光谱法的在线水质分析仪,根据光谱类型,主要分为 3 类:

1) 紫外-可见吸收光谱法:基于物质对 200 ~ 400 nm 紫外光谱区和 400 ~ 800 nm 可见光谱区辐射的吸收特性建立起来的分析测定方法,又称紫外-可见分光光度法。分光光度法的定量基础是 Lambert-Beer 定律,即在一定波长处被测物质的吸光度与其浓度成线性。目前常见的采用分光光度法的在线水质分析仪有 COD,以及总磷、总氮、氨氮、金属离子(铁、铜、铬)、色度等分析仪。

2) 红外吸收光谱法:利用物质分子对红外辐射的特征吸收建立起来的方法。该方法的定量分析同样基于 Lambert-Beer 定律。目前常见的采用红外吸收光谱法的在线水质分析仪有 TOC、水中油等分析仪。

3) 荧光光谱法:基于原子核外层电子吸收特征频率的光辐射后,发射出荧光进行分析。根据激发光的类型,又可分为紫外荧光、X 射线荧光等。目前常见的采用荧光光谱技术的在线水质分析仪有水中油、叶绿素、蓝绿藻等传感器。

非光谱法的在线水质分析仪中的应用主要采用散射光原理,也称比浊法。该方法通过胶体溶液或悬浮液后的散射光强度来进行定量分析。目前常见的采用比浊法的水质在线分析仪有浊度仪、悬浮物浓度计(污泥浓度计)、水中油等。

(3) 色谱分析法

色谱技术是基于物质在吸附剂、分离介质或分离材料上的物理化学性质差异(如吸附、溶解度、离子交换等)而实现不同物质的分离的一项技术,因此本质上色谱是一种分离技术。但是该分离技术与不同的化学分析技术结合,可实现对多种(性质相近)混合物质的分析。虽然与色谱法结合的化学分析技术就是常用的仪器分析法检测技术,但两者在设计上相差很大,因此色谱分析技术被视为一种独立的分析技术。

色谱技术用于在线仪器已经有很长的时间,工业色谱广泛地应用于石油化工、冶金等行业。在水质分析领域采用色谱技术,主要有两类:

1)气相色谱法:以气体为流动相,利用不同物质在色谱柱中分配系数/吸附能力的不同实现分离技术。目前在水质分析领域采用该方法的在线分析仪器有 VOCs(挥发性有机物)分析仪。

2)离子色谱法:利用离子交换原理,对水样中共存的多种阴离子或阳离子进行分离、定性和定量的方法。目前在水质分析领域采用该方法的在线分析仪器,主要用于部分阴阳离子的检测,如氯离子、氯酸盐、亚氯酸盐、溴酸盐、氰化物、钾离子、钠离子等。

1.2.3 在线水质分析仪的自动化技术

在线水质分析仪器是一类专门的自动化在线分析仪表,仪器通过实时、现场操作,实现从水样采集到(水质指标)数据输出的快速分析;在线水质分析仪器一般具有自动诊断、自动校准、自动清洗、故障报警等功能,在保证分析结果准确度的同时,可以实现无人值守自动运行。因此,除了核心的分析技术,仪器还应该具备取样、包含试剂添加的流路系统、化学反应、检测、校准、清洗、计算及信号输出、诊断、报警等功能。

(1) 取样

除了原位安装(in-situ)方式安装的在线水质分析仪,其余的均需考虑取样,即将样品采集到分析仪系统中。目前主流的技术是采用计量泵或蠕动泵进行定量采样。

(2) 流路系统

不仅是溶液样品的分析,而且待测样品和试剂在取样系统、化学反应系统、检测器等模块间的转移均是通过流路系统来完成的。目前主要的流路系统包括以下 3 类:

1)流通池:采用非原位安装的传感器类在线水质分析仪,一般采用流通池式流路设计。流通池式流路是指样品通过本身压力(如带压管道)或者输送泵持续稳定的流过装配有传感器的管路,传感器连续测定样品。常见的传感器类分析仪,如 pH、电导率、溶解氧等,均有采用流通池式流路的设计。其基本样式如图 1.1(a)所示。

2)间隔注射技术(interval injection analysis):通过传动装置(如蠕动泵、定量注射阀),配以阀的切换,间隔将样品及试剂注射到仪器的反应容器中进行化学反应的流路设计。这种流路设计,其过程类似于实验室分析方法,具有很高的可靠性。目前大多数在线水质分析仪采用该流路设计。其基本样式如图 1.1(b)所示。

3)顺序注射技术(sequential injection analysis,SIA):核心是一个多通道阀,阀的各通道分别与检测器、样品、试剂等通道相连,公共通道与一个可以正反抽吸的泵相连。通过泵从不同通道顺序吸入一定体积的溶液,送到泵与阀的储存管中,样品和试剂相互渗透和混合,发生化学反应,反应产物被推送到检测器进行检测。这种流路设计,结构简单,成本低,具有通用性。

其基本样式如图1.1(c)所示。

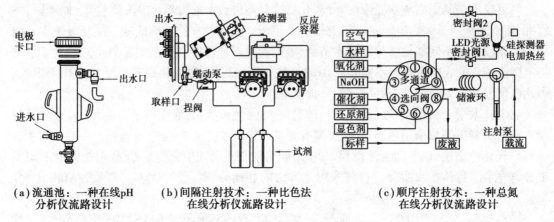

(a) 流通池：一种在线pH分析仪流路设计   (b) 间隔注射技术：一种比色法在线分析仪流路设计   (c) 顺序注射技术：一种总氮在线分析仪流路设计

图1.1　在线水质分析仪常用流路设计

(3) 化学反应

基于传感器技术的在线水质分析仪,传感器能直接感受水中待测物质并转化为可探测的信号,故一般不需要额外的化学反应步骤。但目前大多数在线水质分析仪,是将待测物质转化为某种利用现有技术能够检测到的信号物质,比如分光光度法,是将待测物质转化为某种颜色的物质,通过检测颜色深浅的仪器(分光光度计)来实现分析目的。这一类在线水质分析仪都需要通过化学反应对样品进行预处理和转化。

目前,一些通用的预处理方法,比如降温、减压、稀释等,都会有专用的预处理设备配套,搭载于在线水质分析仪之前,只有与分析方法相关的预处理及化学反应,才会由在线水质分析仪实现。比如图1.1(b)中,在反应容器中可以实现显色反应;图1.1(c)中,通过电加热丝加热实现总氮样品的消解。

(4) 校准

校准曲线是待测物质浓度与所测量仪器响应值的函数关系,样品测得信号值后,在校准曲线上查得其含量,因此制作好校准曲线是取得准确测量结果的前提。最普通的方法是用一组含待测组分量不同的标准试样或基准物质配制成浓度不同的溶液做出校准曲线。校准曲线的斜率常随着环境温度、试剂批次和使用时间、仪器电子元器件老化等实验条件的变化而变化,通常需要每隔一段时间后重新制作校准曲线。

在线水质分析仪是一种安装在现场的连续自动检测的分析仪,相比于实验室条件,环境多变,试剂质量变化快,仪器损耗大,导致其校准曲线斜率发生偏移的速度一般要快于实验室仪器。因此在线水质分析仪器均需考虑设计方便、快捷的校准方式,甚至全自动的校准模式。

除了传感器类原位安装的仪器大都采用手工校准,其他类型的在线水质分析仪器均可以实现定时自动校准功能。

(5) 清洗

原位安装的传感器,由于直接接触待测样品,会出现传感器表面结垢、污物附着等问题,导致测量精度下降甚至彻底失去检测能力;在线安装的水质分析仪,除了有原位安装传感器的问题,同时由于内部流路会受样品及试剂的污染,下一次测量的结果易受上次测量周期的样品和试剂的污染。为了解决这些问题,在线水质分析仪还必须考虑分析仪/传感器的清洗功能。

　　分析仪类的在线水质分析仪会在一个测量周期结束后,让清洗溶液(有时是纯水)流过整个流路系统,确保无样品和试剂的残留,实现自动清洗的功能。

　　原位安装的传感器清洗方式有机械刷洗、超声波清洗、水喷射清洗、化学溶液喷射清洗等多种方式。机械刷洗是指通过传感器内置刮刷或外置机械刮刷,以一定周期刷洗传感器表面,实现清洗目的。超声波清洗、空气/水喷射清洗、化学溶剂清洗等一般都需要通过外置机械结构来实现清洗目的。它们的常见样式如图1.2所示。由于传感器与样品直接接触,采用水喷射清洗、化学溶液喷射清洗会污染样品,因此应用上受限。机械刷洗和超声波清洗不污染样品,在实际应用中使用较多,尤其是传感器内置式刮刷,不需要外置机械结构,不污染样品,最为用户接受。

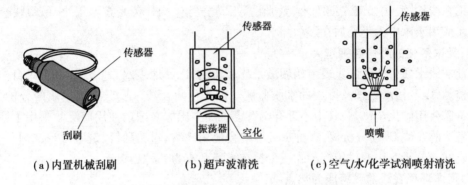

(a)内置机械刮刷　　　　(b)超声波清洗　　　　(c)空气/水/化学试剂喷射清洗

图1.2　传感器类在线水质分析自动化仪器清洗方式

(6)电子技术

　　在线水质分析仪的迅速发展,离不开电子技术的贡献。电子技术帮助分析仪器实现自动化,包括自动取样、分析、计算、统计、显示和数据传输。

1.3　在线水质分析仪的发展趋势和前景

　　根据国际水资源协会的报告,目前全球水资源遇到的七大挑战中,有两项直接与水质相关,一是全球范围内的水质不断下降,二是饮用水的安全问题。全球范围内对环境保护、污水处理、水资源循环利用、饮用水安全保障等领域的关注已经到了无以复加的程度。在线水质分析技术,以其自动化、连续性的特点,在这些领域的应用越来越受重视,这也进一步推动了在线水质分析仪的发展。

　　从分析技术层面和应用层面,在线水质分析仪的发展主要有以下6个趋势:

(1)更多经典的仪器分析技术将逐渐应用于水质在线仪器

　　分析技术是制约一台分析仪器分析参数、浓度范围、分析速度、准确性等的最重要因素。在线水质分析仪器从诞生以来,广泛应用的在线水质分析仪使用的分析技术,依然集中在电化学法和紫外-可见吸收光谱法。而还有很多成熟的仪器分析方法,比如原子吸收光谱、原子发射光谱、拉曼光谱、色谱等,从在线仪器化的技术和成本考量,还没有广泛应用。相信随着材料科学的发展,以及在线水质监测需求的进一步扩大,这些分析技术会逐步应用于在线水质分析仪器。比如 X 射线荧光技术，通常用于固体、液体中常量和微量元素（通常是重金属），但随着技术的突破，单色波长色散 X 射线荧光技术已经开始应用于水溶液中痕量甚至超痕量元素的分析，制造出基于 X 射线荧光技术的在线水中重金属分析仪。

（2）微生物分析方法开始进入在线水质分析领域

随着科学技术的发展，在线水质分析技术已经部分攻克了常规理化指标、无机阴离子、重金属、营养盐、有机物综合指标等的检测，现在主要需要攻克的技术难题还有有机污染物和微生物等的检测。微生物，尤其是病原微生物，由于其直接影响人体安全，因此在饮用水、制药、食品饮料等行业，有着非常急迫的需求。而常规检测方法耗时长，无法及时反映水体的生物安全性。目前，对于总细菌、总大肠菌群、粪大肠杆菌等微生物指标，已经有公司开始基于传统的酶底物法进行在线培养并检测，不过分析周期依然很长。一些新的技术正在尝试应用于微生物的在线检测，比如流式细胞术、激光诱导荧光光谱、ATP 荧光技术等，相信很快会有成熟的技术应用于水中微生物的在线检测。

（3）无试剂化的呼声越来越大

当前在线水质分析仪的主要应用领域是环境监测，比如地表水、地下水、海水等自然水体的水质监测，以及污水处理及排放的水质监测。但是目前在线水质分析仪采用的分析技术，大部分都需要用到化学试剂，其中不乏有毒有害试剂。比如在国内使用广泛的采用重铬酸钾消解比色法的在线 COD 分析仪，在分析过程中会使用硫酸、重铬酸钾、硫酸汞等试剂。因此，用环境友好的分析方法替代传统的在线分析技术势必成为一种趋势。

（4）海洋环境在线监测将成为热点

继地表水环境监测和污水排放监测后，海洋有可能成为在线水质分析仪在环境监测中的下一个热点应用领域。近年来重大的海洋污染事故时有发生，各国海洋生态环境均面临巨大的压力。提高海洋水质监测能力，为管理方提供基础数据和决策依据成了当前刻不容缓的任务。目前海洋环境监测除了少数国家建有海上浮标在线监测海水水质，包括我们国家在内的大部分国家还是以采用人工采样实验室分析为主。然而，常规的监测分析方法不适用于海水，因为检测海水的传感器/分析仪需要有很强的耐腐蚀能力，并且海洋上无法提供稳定的电源。因此必须采用低功耗的技术，这些都是海洋在线水质监测的技术难题。

（5）在线水质传感器进入民用领域

传统的在线水质分析仪表仪有三大应用领域：流程工业、水工业和环境监测。高昂的价格、专业的运维，以及远低于应用于工业自动化的回报，是在线水质分析仪器进入民用领域的主要障碍。不过这个情况正在慢慢改变。一方面随着材料技术和制造业技术的进步，水质传感器的成本正在迅速降低；另一方面人们逐渐意识到在生活中应用了在线水质分析仪表可以给健康生活带来帮助，因此民用在线水质传感器的需求会越来越大。在家用纯水机、洗衣机、冰箱等，都有一定的应用前景。

（6）用于预测及预警的在线水质分析仪得到迅速发展

水质监测和研究的目的，可以归纳为 4 个层面：一是掌握水中不同组分（污染物）的浓度水平；二是解析组分特征；三是评价水质安全；四是预测水质转化。目前在线水质分析仪的应用，主要还停留在前两个层面。但掌握了水中某些关键组分或主要污染物的浓度水平和组分特征，往往也不能判断水质是否安全。近年来一些急性毒性测定技术开始应用于水质综合性安全的评价，如发光细菌法、鱼类法。美国环保署还评测过一款专用基于水质指纹技术的饮用水安全评价技术,并在有限范围内开始应用。

从当前掌握的水质组分、浓度特征,预测未来一段时间水质转化趋势,指导人们在当前就做出预防措施以防止可能的水质恶化,这是人们对水质研究的第四层面目的。要实现这一目的,需要有大数据和水质模型算法的支撑。在线水质分析仪器,由于其实时、连续测定的特点,可以提供大量连续的数据,为大数据的应用提供基础;合理的在线监测点位设置,又可以为水质模型提供依据。因此在线水质分析仪的应用,可以帮助我们实现更多以预测和预警为目的的水质监测应用。

1.4 在线水质分析仪在国内的应用情况

相比于国外先进国家,国内使用水质在线分析仪起步较晚。比如市政给水和排水方面,美国、日本和欧洲发达国家在20世纪70年代就开始广泛应用在线水质分析仪表指导工艺,监测水质,而我国直到20世纪90年代才开始在大型城市的污水厂、自来水厂中应用在线水质分析仪表。又如环境监测领域,美国、日本、英国、德国和法国是将在线水质分析仪应用于江、河、湖、库水质监测较早的国家,它们在20世纪70年代基本上已经组建了全国范围内的自动监测网,而我国直到20世纪90年代末才开始正式启动组建水质自动检测系统。

不过,得益于近几十年来国家在环保领域的持续投入,我国水质在线监测领域有了巨大的发展,不再是仅仅追随发达国家的发展步伐。这个发展主要体现在以下两个领域:

一是地表水水质监测站网络的建立。1999年开始,为了及时全面掌握全国主要流域重点断面水体的水质状况,预警或预报重大(流域性)水质污染事故,国家环保局在松花江、辽河、海河、黄河、淮河、长江、珠江、太湖、巢湖、滇池等流域建设水质自动监测站,截至2018年,仅国家地表水水质自动站就达到2 050个。

二是污染源排放监测网络的建立。1985年,国家开始考虑污染物总量控制制度,并在上海进行试点。1996年国务院批准实施《"九五"期间全国主要污染物排放总量控制计划》,开启了建立污染源排放监测网络的序幕,COD、氨氮、重点地区的总磷总氮陆续确定成为总量控制的水污染物指标。这直接带动了在线COD分析仪、在线氨氮分析仪、在线总磷总氮分析仪的应用市场。

国内很多仪器公司正是利用这两个机遇,开发仪器并推入市场,由此公司快速发展,得以与国外知名的仪器公司在水环境在线监测领域有了一较高下的实力。

由于起步晚,技术储备不足,目前,国内在线水质分析仪器的应用和市场,还存在一些问题。国内的在线水质分析仪制造主要集中在环境监测领域,其核心分析技术移植于传统的实验室方法。但实际上,在线分析技术与实验室分析技术有很大的区别,国外先进的仪器厂商在设计之初就考虑到在线仪器的应用场合,因此在流程工业、水处理等水体相对复杂的行业,他们的传感器和分析仪还有很大的优势;另外国内使用水质在线分析仪器也欠缺经验,很多人还认为它是一种全自动无须人工干预的分析技术,而实际上,作为精密的分析仪器,维护保养对于在线仪器的使用效果至关重要。相信这些问题随着我们制造和使用水质在线分析仪的经验积累,会逐步解决。

第2章

在线水质分析仪器的应用

当前在线水质分析仪器的主要应用领域有:以生活饮用水和污水处理及排放为代表的水工业,工业纯水、工业锅炉水和工业循环水等为代表的工业水处理,以及地表水、地下水、海水等为代表的环境监测。其中,生活饮用水和工业水处理,由于其目的是提供符合要求的生活和工业用水,因此也被称为给水工艺;污水处理和排放也被称为排水工艺。本章将简单介绍各水处理工艺,以及在线水质分析仪器在这些水处理工艺和环境监测中的具体应用。

2.1 饮用水处理水质监测

给水处理是通过一系列处理方法去除或部分去除水中的杂质,包括有机物、无机物和微生物等,使之符合相关用水的水质标准。水处理方法应根据不同来水的水质和用水对象的水质要求确定,为了达到特定的处理效果,通常使用多种处理方法的组合。饮用水是给水工艺中最重要,品质要求最高的产品。本节将以饮用水处理为例介绍给水处理工艺。

2.1.1 生活饮用水处理工艺

生活饮用水的处理,其核心处理工艺为混凝、沉淀、过滤、消毒。不过近年来,由于饮用水水源地的水质恶化,特别是原水中有机物浓度的升高,增加了氯消毒时有机副产物产生的风险,为降低有机污染物的影响,我国部分饮用水厂目前已增加了臭氧-生物活性炭处理工艺。另外,当水源为地下水时,存在着铁、锰金属离子超标的风险,也需要通过饮用水厂进行处理,使铁、锰离子浓度降低至水质标准范围内。

当前饮用水处理工艺常用的处理方法包括物理、化学和生物方法,接下来按照工艺段详细解释。

(1)混凝

混凝沉淀工艺是目前给水处理、中水处理和部分污水处理的核心工艺,主要包含混合、絮凝、沉淀 3 个工艺流程,本节中的混凝是混合和絮凝过程的总称。混凝通常和沉淀工艺结合在一起,以达到降低水中悬浮物和浊度的目的。

通过投加混凝剂使水中难以自然沉淀的胶体物质及细微悬浮物聚集成较大的颗粒,使之能与水分离的过程称为混凝。混凝是水处理的重要方法,能去除浊度和色度,还能对水中的无机和有机污染物有一定的去除效果。在近代水处理技术中,混凝技术广泛用于去除臭味、藻类、氮磷、悬浮颗粒等污染物,混凝过程中投加的药剂称为混凝剂或絮凝剂,传统的混凝剂是铝盐和铁盐,如三氯化铝、硫酸铁等。20 世纪 60 年代开始出现的无机高分子混凝剂,如聚合氯化铝、聚合氯化铁等,因为性价比更高,得到了迅速发展,目前已在世界许多地区取代了传统混凝剂。近代发展起来的聚丙烯酰胺有机高分子絮凝剂,品种甚多而效果优良,但因价格较高且不能完全消除毒性,始终不能代替无机类混凝剂,而主要作为助凝剂使用。

（2）沉淀

利用某些悬浮颗粒的密度大于水的特性,将其从水中去除的过程称为沉淀。密度大于水的悬浮颗粒有的是在原水本身存在的,有的是胶体经混凝生成的矾花。

在给水和污水处理流程中,沉淀处理工艺被广泛使用,如给水处理中混凝后的沉淀、污水生物处理工艺后的沉淀、污泥重力浓缩过程使用的沉淀等。

水处理工艺中采用的沉淀池,包括给水处理和污水处理,主要有平流沉淀池、竖流沉淀池、辐流沉淀池及斜板沉淀池这 4 种类型,应根据不同的现场工况和要求,选择合适的沉淀池类型。

为考察沉淀效果,通常会在沉淀池出水口在线监测其悬浮物浓度或浊度。另外,通过对沉淀池排泥浓度的监测也有利于掌握沉淀池的运行状况。

（3）过滤

待过滤水通过过滤介质的表面或滤层截留水体中悬浮固体和其他杂质的过程称为过滤。经混凝沉淀处理后的水,通常需进入滤池过滤以进一步降低悬浮物浓度或浊度,过滤已成为给水处理中不可缺少的过程。

经过过滤处理,可进一步降低水中的悬浮物浓度或浊度,并为后续处理装置创造有利条件,保证后续处理构筑物的稳定运行以及处理效率的提高。比如过滤液悬浮物和其他干扰物质浓度的降低,有助于在消毒工艺中提高杀菌效率,节省消毒剂用量。砂滤是最常见的过滤器,该工艺以石英砂为过滤介质截留水质的悬浮物质,过滤一定时间后,滤池需进行反冲洗,使滤层松动,冲走滤层截留物,清洁滤层。

经沉淀处理后的出水,其浊度已大幅度降低,但有时仍无法满足用水要求,此时需通过过滤处理工艺进一步去除悬浮物或浊度。

为考察过滤效果,通常会对过滤出水进行浊度进行在线监测。另外,对滤池入口的浊度监测可确保滤池稳定的出水效果。

（4）臭氧-生物活性炭

活性炭因为具有表面积大和带空隙的构造,显示出良好的吸附性能,故而能够有效去除水中的臭味、溶解的有机物等。吸附饱和的活性炭可经过再生后回用,一般以热再生法应用最多,通过加热的方式,以去除挥发性物质、大量有机物的热解以及蒸汽和热解的气体产物从炭粒的空隙中排出。

在使用活性炭滤池时,发现活性炭滤料上有大量微生物,出水水质很好,并且活性炭的再生周期明显延长,于是发展成为一种有效的深度处理方法——生物活性炭法,能够很好地将溶解的有机物进行生物氧化,并完成生物硝化,将部分氨氮转化为硝氮。一般生物活性炭会和臭氧联用成为臭氧-活性炭工艺。臭氧能将溶解的、胶体状的、分子量较高的有机物转化为分子量较低较易生物降解的有机物。

面对持续加剧的水源污染以及日趋严格的城市供水水质指标的出台,常规水处理工艺难以使出厂水水质达标。臭氧-生物活性炭工艺通过臭氧氧化与活性炭吸附相结合的方法,可降低水中部分有机污染物的浓度,并将大分子有机物氧化为小分子中间产物,提高污染物的可生化性,延长活性炭使用寿命,在饮用水领域应用较多。目前臭氧-生物活性炭工艺已成为饮用水深度处理的最有效方法之一。

为稳定运行臭氧-生物活性炭工艺,对臭氧接触池出水的臭氧进行在线监测是控制臭氧工艺运行的有效方法之一。

(5)消毒

饮用水消毒是杀灭水中对人体健康有害的致病微生物,防止通过饮用水传播疾病。消毒并非要把水中的微生物全部杀灭,只是消除水中的致病微生物(包括病菌、病毒等)的致病作用。

水中微生物往往黏附在悬浮颗粒上,因此,经混凝、沉淀和过滤去除悬浮物、降低水的浊度同时,也去除了大部分微生物。然而水中仍有少量病菌、病毒、原生动物滞留在水中,最后再通过消毒方式予以杀灭。消毒是饮用水安全、卫生的最重要保障。

水的消毒方法有很多,包括氯及氯的化合物、臭氧、二氧化氯及紫外线消毒,也可采用上述方法的组合。氯消毒经济有效、使用方便、应用历史最久也最为广泛。自20世纪70年代发现受污染水体经氯消毒后会产生三卤甲烷等有害副产物后,其他消毒方法逐渐受到重视。就当前的情况而言,随着对氯消毒副产物及产生机理的研究,以及人们对饮用水生产工艺的改进,氯消毒方法仍是目前普遍采用且经济、有效的消毒方式。

氯消毒工艺出水,通常需在线监测消毒剂浓度,以保证经消毒处理后水中仍留有一定的消毒剂浓度,使之具备持续消毒能力。

(6)化学氧化

当以某些地下水作为水源时,水中的铁、锰含量超过生活饮用水卫生标准时,需采用除铁、除锰措施。常用的方法是含铁、锰的地下水经冲气或加入氧化剂后,水中铁、锰离子开始氧化,当水流经锰砂滤层时,在滤层中发生接触氧化反应及滤料表面生物化学作用和物理截留吸附作用,使水中铁、锰离子沉淀去除。

2.1.2 饮用水处理水质监测

生活饮用水水质与人类健康和生活使用直接相关,故我国对饮用水水质标准极为关注。我国1956年颁发了《生活饮用水卫生标准(试行)》,直到目前执行的是2007年实施的《生活饮用水卫生标准》(GB 5749—2006),规定了生活饮用水水质卫生要求、生活饮用水水源水质卫生要求、集中式供水单位卫生要求、二次供水卫生要求、涉及生活饮用水卫生安全产品卫生要求、水质监测和水质检验方法。应当指出的是,水中的各种化学物质与人类健康的关系实际上是相当复杂的,有很多机理及指标至今也不是非常清楚。随着医学、环境科学及检验检测技术等学科的发展,人类的认识也在不断深入、清晰。所以水质标准也会做相应的修改。

生活饮用水的水质监测,其监测位置涵盖了水源地、饮用水厂处理过程、出厂水、市政饮用水管网及二次供水等监测点。下面对一些检测频率高且通常使用在线仪器监测的指标进行说明。

（1）pH 值

pH 值是溶液中氢离子活度的负对数，是最常用的水质指标之一。根据我国制定的生活饮用水国家标准，饮用水的 pH 值在 6.5～8.5。pH 值作为饮用水标准中的一项常规监测指标，不仅在出厂水、管网水及二次供水位置需要使用在线分析仪表监测，也是饮用水源地常规在线监测参数之一。除此之外，pH 值在饮用水厂处理工艺流程中，会直接影响混凝的效果，通常也会在混凝沉淀处理工艺过程中在线监测 pH 值。

（2）浊度

浊度是反映天然水和饮用水等物理性状的一项常规指标，用以表示水的清澈或浑浊程度，是衡量水质优劣程度的重要指标之一。

高度浑浊的饮用水在视觉上让人感到非常不舒服，从而引发人们对健康安全的关注。悬浮颗粒物中会裹挟许多细菌、病毒等致病微生物，以及有助于其生长、繁殖的营养物质，同时也会降低消毒效果，因此如果不降低出厂水中浊度，悬浮颗粒物就会进入管网，悬浮颗粒物中的细菌和病毒等微生物得以在管网中继续生长、繁殖，进入千家万户的饮用水中，造成肠道疾病的大规模爆发。饮用水处理的研究和实践表明，饮用水中浊度的去除率和致病微生物的去除之间存在很好的正相关性。

浊度作为饮用水水质标准的核心指标之一，其在出厂水、管网水及二次供水需要被频繁检测，通常以在线浊度分析仪进行监测分析，以便实时掌控饮用水浊度。

（3）消毒剂

经处理后的饮用水，为确保微生物指标符合水质标准，需对其进行消毒处理。目前市政饮用水常规的消毒剂主要有液氯、次氯酸钠、氯氨及二氧化氯，其中以液氯为主。经消毒剂与水接触消毒后，为保证饮用水进入管网后具备持续消毒能力，饮用水水质标准对出厂水和管网末梢水的消毒剂余量界定，以确保饮用水中微生物指标符合要求，保障人体健康。

消毒剂浓度与浊度相同，是饮用水水质标准的核心指标之一，同样在出厂水、管网水及二次供水需频繁检测，通常使用在线分析仪进行监测分析。

饮用水其他指标，如水中有机物浓度，以及铁、锰、铝等金属离子浓度、氨氮等，也是被频繁检测和关注的参数。但由于不同地域水源地水质的差异，其受到的关注程度也不尽相同。

2.2 污水处理水质监测

在人类的生活和生产活动中会使用大量的水。水在使用过程中受到了不同程度的污染，改变了原有的化学成分和物理性质，这些水称为污水或废水。按照来源的不同，污水可分为生活污水和工业废水两大类。城镇生活污水的性质特征受多种因素影响而呈现较大的差异，其中主要的因素包括人们的生活水平和习惯、地域、气候条件、城镇采用的排水体制等，而工业废水的特征主要受排放该废水的企业生产的产品和工艺的影响。因此，不同污水或废水在物理性质、化学性质和生物性质方面均存在着一定的差异。

污水或废水处理工艺的选择，主要是根据其水质特点及排放要求而确定。城镇生活污水的主要污染物为悬浮物、有机物、氮、磷，故其采用的处理工艺通常以生物法为主，并结合一定的物理和化学方法。而工业废水由于其水质千差万别，处理工艺呈现多样化的特点，但仍然可根据其污染物种类和浓度,决定主要的处理工艺,如含有机污染物的工业废水,通常也采用生物处理工艺,而含有重金属的工业废水,则通常会采用化学氧化或沉淀的方法处理。

2.2.1 污水处理工艺

水中的污染物,按它们在水中的存在状态可分为悬浮物、胶体和溶解物三大类;按照它们的化学特性可分为无机物和有机物。废水处理方法一般分为物理法、化学法和生物法,每种处理方法都有各自的特点和适用条件,根据不同的原水水质和处理后的水质要求,可单独应用,亦可几种方法组合应用,通常每一种处理方法只针对去除某一类或某几类污染物。

与给水处理工艺相比,污水的处理工艺既有相似性,又有其独特性。常规的处理方法,如混凝、沉淀、过滤,在给水和污水处理中均被普遍采用。而在给水处理中较少被使用的生物处理工艺,其不管是在城镇污水还是工业废水的处理中均占据着重要的地位,且被广泛地采用。

(1) 污水物理、化学处理方法

对于城镇生活污水处理,其采用的物理和化学处理方法主要有混凝、沉淀、过滤、化学氧化等方法,与第2.1小节中的饮用水处理方法比较类似,而工业废水处理除了这几类处理方法外,还会根据废水特点及处理后水质指标要求,采用更多的处理方法。

1)化学中和:酸性和碱性工业废水的来源广泛,如化工、化纤、制药、印染、造纸和金属加工等行业都有酸性或碱性废水排水。废水中含无机酸碱或有机酸碱,并含有重金属离子、悬浮物和其他杂质。对于高浓度的酸碱废水(酸或碱含量大于3%),应首先考虑回收和综合利用途径,只有当废水无回收或综合利用价值时,才采用中和法处理。用化学法使废水 pH 值达到适宜范围的过程称为中和。

酸性废水的中和方法可分为:与碱性废水互相中和、药剂中和、过滤中和;碱性废水的中和方法可分为:与酸性废水互相中和、药剂中和。在污水处理中最常用的是药剂中和,通过投加碱性或酸性药剂中和废水的 pH 值使其达到要求的范围。

向酸性废水中投加碱性药剂,使废水 pH 值升高的方法称为酸性废水药剂中和法。常用的中和剂有石灰、石灰石、碳酸钠、苛性钠、氧化镁等。投加石灰乳时,氢氧化钠对废水中杂质有凝聚作用,因此适用于杂质多浓度高的酸性废水。向碱性废水中投加酸性药剂,使废水 pH 值降低的方法称为碱性废水的药剂中和法。常用的中和剂有硫酸、盐酸等。

2)化学沉淀:向工业废水中投加某种化学物质,使其和废水中溶解性物质发生反应,并生成难溶盐沉淀,从而将该溶解性物质从废水中去除的方法称为化学沉淀法。该法一般用以处理含金属离子和某些阴离子(S^{2-}、SO_4^{2-})的工业废水。氢氧化物、硫化物和碳酸盐等常被作为沉淀剂使用。

3)氧化还原:通过氧化还原反应将废水中溶解性的污染物质去除的方法称为废水氧化还原法处理。根据废水中污染物质在氧化还原反应中被氧化或被还原的差异,废水的氧化还原处理法可分为氧化法和还原法两大类。

向废水中投加氧化剂,使废水中有毒有害物质转化为无毒无害或毒害作用小的新物质的方法称为药剂氧化法。在废水处理中常用的氧化剂有空气中的氧、臭氧、氯气、次氯酸钠、二氧化氯、过氧化氢等。氧化法主要用于去除废水中无机氰化物和有机物等污染物质。同理,若向废水中投加的是还原剂,使废水中有毒有害物质转化为无毒无害或毒害作用小的新物质的方法称为还原法。还原法主要用于去除废水中的高价重金属离子,如 Cr^{6+} 等,投加的还原

剂使 Cr^{6+} 转化为 Cr^{3+} ,再通过加入氢氧化物使其产生沉淀去除。

4)工业废水中主要污染物的处理技术。工业污染物根据我国水污染物排放标准分为两类:第 1 类污染物指不分行业和污水排放方式,也不分受纳水体的功能类别,一律在车间或车间处理实施排放口取样检测达标的污染物;第 2 类污染物指在排污单位的总排口出检测达标的污染物。主要污染物的处理方法见表 2.1。

表 2.1 工业污染物主要处理工艺

废水类别	主要行业	处理工艺
含汞废水	氯碱工业、汞催化剂、纸浆与造纸、杀菌剂、采矿、冶炼、电子灯管、电池、仪表、医院	化学沉淀、离子交换、吸附、过滤
含铬废水	电镀工业、铬盐生产、制革、化工、钢铁、铁合金	氧化还原、沉淀、电解、离子交换
含镉废水	采矿、冶金、化工、电镀、含镉农药	化学沉淀、离子交换
含铅废水	铅冶炼、化工、农药、油漆、搪瓷	化学沉淀
含砷废水	采矿、农药、硫酸工业、化工	氧化还原、化学沉淀
含镍废水	电镀、冶炼、钢铁、化工	化学沉淀、离子交换、电渗析、反渗透
含铜废水	采矿、冶炼、电镀、化工、制药、化纤	铁屑过滤、电解、化学沉淀
含锌废水	采矿、冶炼、电镀、化工、制药、化纤	化学沉淀、离子交换
含酚废水	焦化、炼油、煤气、化工、人造革	吸附、化学氧化、生物处理
含氰废水	焦化、炼油、煤气、化工、电镀、冶金	化学氧化、离子交换、生物处理
酸碱废水	冶金、化工、硫酸工业、造纸、燃料、酸洗	中和、自然渗析、蒸发浓缩
含油废水	化工、石油开采、石油炼制、机械制造、食品工业、制革	隔油、气浮、过滤、生物处理
含氟废水	冶金、化工、玻璃、建材、电子工业、磷肥工业	石灰沉淀、磷酸盐沉淀、活性氧化铝过滤
含氮废水	化肥、焦化、制药、畜禽养殖	生物处理、吹脱、离子交换、化学氧化
含磷废水	农药、磷肥、洗涤剂	化学沉淀、生物处理
含硫废水	石油炼制、制革、农药	空气氧化
难降解有机废水	化工、制药、造纸、制革、焦化、燃料、农药	絮凝沉淀、生物处理、吸附、化学氧化、焚烧
高浓度有机废水	酿造、生物制药、味精、酒精、食品	厌氧、好氧、固液分离、膜生物反应器
含致病菌废水	医疗机构、生物制品、屠宰、养殖、皮革加工	氯化消毒、臭氧、紫外线、巴氏消毒、化学消毒

（2）污水生物处理方法

在自然界中,存在着大量以有机物为营养物质而生活的微生物,它们不但能够分解氧化一般的有机物并将其转化为稳定的化合物,而且还能转化某些有毒的有机物质,如酚、醛等。污水生物处理就是利用微生物分解氧化有机物的这一特性和功能,并采取一定的人工措施,创造有利于微生物生长和繁殖的环境,获得大量具有高生物活性的微生物,以提高其分解氧化有机物效率的一种污水处理方法。

污水生物处理方法分为好氧生物处理和厌氧生物处理两大类。好氧生物处理需要氧的供应,而厌氧生物处理则需保证无氧的环境。好氧生物处理工艺有活性污泥法和生物膜法。以上两种污水生物处理方法又涵盖了各种具体的工艺形式。

1) 好氧活性污泥法:向容器中的生活污水进行曝气,间隔一定时间后,停止曝气,去除上层污水,保留沉淀物,更换新鲜污水,如此连续操作,持续一段时间后,在污水中就形成一种黄褐色的絮状体。在显微镜下观察,该絮状体含有多种微生物。这种絮状体在曝气时,呈悬浮状态,曝气停止后,易于沉淀,从而使污水得到净化、澄清。这种含有多种微生物的絮状体被称为"活性污泥"。以活性污泥为主体的污水生物处理工艺称为活性污泥法。

传统活性污泥法的基本工艺流程由曝气池、二沉池、曝气系统、污泥回流及剩余污泥排放5部分组成(图2.1)。曝气的作用是为微生物新陈代谢提供溶解氧及搅拌污水,使微生物和污染物充分接触,强化生化反应的传质过程。曝气池内的泥水混合液流入二沉池,进行泥水分离,活性污泥絮体沉入池底,泥水分离后的水作为处理出水。二沉池沉降下来的污泥一部分作为回流污泥返回曝气池,以维持曝气池内的微生物浓度,另一部分作为剩余污泥排除。

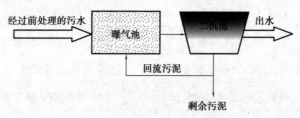

图2.1 传统活性污泥法的基本工艺流程示意图

2) 好氧生物膜法:生物膜法是通过附着在载体或介质表面上的细菌等微生物生长繁殖,形成膜状活性生物污泥——生物膜,利用生物膜降解污水中有机物的生物处理方法。生物膜中的微生物以污水中的有机污染物为营养物质,在新陈代谢过程中将有机物降解,同时微生物自身也得到增殖。

生物膜刚开始运行时,同活性污泥法相似,也需要饲养微生物。对于城市污水,在20 ℃条件下,需要15～30 d,微生物在填料上生长、繁殖,形成稳定的生物膜。从图2.2中可以看出,生物膜的表面上有很薄的附着水层,相对于外侧流动的水流,附着水层是静止的。由于流动水层比附着水层中的有机物浓度高,有机物的浓度梯度和水流的扰动扩散作用可使有机物、营养物和溶解氧进入附着水层,并进一步扩散到生物膜中,有机物被生物膜吸附、吸收和降解。微生物在分解有机物的过程中自身也进行合成,不断繁殖,使生物膜的厚度增加。传递进入生物膜的溶解氧很快被生物膜表层的好氧微生物所消耗,有机物的分解主要在生物膜的好氧膜中完成。随着时间的延长,滤料上的生物膜不断增厚,处于内层的生物膜由于所处环境溶解氧较低,出现厌氧的环境,厌氧产物增加,降低了生物膜在滤料上附着力,这种老化的生物膜很容易从附着的载体上脱落。在脱落的生物膜的位置上,随后又长出新的生物膜,生物膜的脱落与更新过程不断循环进行。

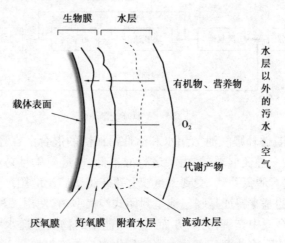

图 2.2　生物膜结构和有机物降解的示意图

由于生物膜法中微生物以附着的状态存在,所以固体停留时间长,这使得世代时间长、比增长速率慢的微生物在生物膜系统中更易于生长。生物膜法工艺的这个特性是区别于活性污泥法的一个重要特征。在市政污水处理中,对于世代时间相对较长的硝化细菌,在生物膜系统中显现出了较好的适用性。

3)厌氧生物处理法:自 1881 年人类首次使用厌氧方法处理污水,至今已有 100 多年的历史。厌氧生物处理是指在无氧条件下,由厌氧和兼性微生物的共同作用,将有机物分解转化为 CH_4 和 CO_2 的过程。厌氧过程可分为 3 个阶段,分别为水解发酵阶段、产氢和乙酸阶段及产甲烷阶段。

厌氧生物处理方法相对于好氧生物处理法,具有去除难降解有机污染物、产生甲烷能源气体等优点,但是由于厌氧微生物生长缓慢,且易受环境条件影响,因而厌氧处理系统需要较长的启动时间,且厌氧处理后的出水难以直接达到排放标准,在实际应用中通常采用厌氧和好氧的组合处理工艺。

(3)污水生物处理工艺介绍

污水的生物处理,可供选择的工艺主要有 A^2O 工艺、氧化沟工艺和序批式活性污泥工艺(SBR)等以及由此衍生出的一些变形工艺形式,另外曝气生物滤池等生物膜法技术也被用于污水的二级处理或深度处理中。

1)A^2O 工艺:A^2O 工艺是厌氧—缺氧—好氧的简称。该工艺于 20 世纪 70 年代发展起来,可完成有机物的去除、脱氮除磷等,目前被广泛应用于我国城镇污水处理厂的二级处理工艺中。其工艺流程如图 2.3 所示。

污水进入污水处理厂,经预处理设施去除体积较大的悬浮物质及无机颗粒后,进入厌氧池,同时从二沉池底部回流的污泥也进入该池,此池主要功能为释放磷并吸收溶解性有机物;流入厌氧池的泥水混合液经过处理进入缺氧池,在此反硝化细菌利用污水中的有机物作为碳源,将回路混合液中带的大量硝态氮还原为氮气释放至空气中;进入好氧池中,有机物被微生物生化降解,同时氨氮被氧化为硝态氮,污水中的磷也被污水吸收。所以 A^2O 工艺可以同时完成有机物的去除和脱氮除磷。

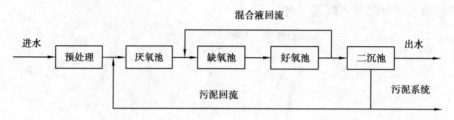

图2.3 A²O工艺流程

2）氧化沟法：又称"循环曝气池"，污水和活性污泥法的混合液在环状曝气渠道中循环流动，属于活性污泥法的一种变形形式，由于运行成本低，构造简单且易于维护管理，出水水质好、运行稳定并可以进行脱氮除磷，受到了重视并逐步得到广泛应用。

氧化沟处理系统的基本特征是曝气池呈封闭式沟渠型，它使用一种方向控制的曝气和搅拌装置。一方面向混合液中充氧，另一方面向反应池中的物质传递水平速度，使污水和活性污泥的混合液在沟内作不停地循环流动。典型氧化沟工艺流程如图2.4所示。

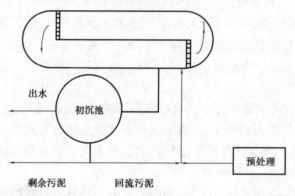

图2.4 氧化沟工艺流程

混合液通过转刷后，溶解氧浓度提高，随后在渠内流动过程中溶解氧又被逐渐降低。通过设置进水、出水位置及污泥回流位置可以使氧化沟完成碳化、硝化和反硝化功能。

3）序批式活性污泥法（SBR）：又称间歇式活性污泥法，其污水处理机理与传统活性污泥法完全相同。随着自控技术的进步，特别是一些在线监测仪器仪表技术的发展，如溶解氧、pH计、电导率仪、氧化还原电位仪等的使用，SBR法得到比较快的发展和应用。

SBR活性污泥法是将污水厂经预处理后的出水引入具有曝气功能的SBR反应池，按时间顺序进行进水、曝气反应、沉淀、出水、待机等基本操作，从污水的流入开始到待机时间结束称为一个运行周期。这种运行周期反复进行，从而达到不断进行污水处理的目的。SBR工艺与传统活性污泥法最大不同之处在于，传统活性污泥法工艺中，各个操作过程，如曝气、沉淀等分别在不同的构筑物或反应池内进行，而SBR工艺中，各反应过程都在同一池子中完成，只是依时间的变化，各个操作随之变化。典型SBR工艺流程如图2.5所示。

4）曝气生物滤池工艺：曝气生物滤池是浸没式接触氧化与过滤相结合的生物处理工艺，兼有活性污泥法和生物膜法两者的优点，将生化反应与吸附过滤两种处理过程合并于同一构筑物中。曝气生物滤池根据处理目标不同可分为除碳曝气生物滤池、硝化曝气生物滤池和反硝化生物滤池。其结构主要由滤池池体、滤料、承托层、布水系统、布气系统和反冲洗系统等几部分组成。图 2.6 所示为升流式曝气生物滤池的构造示意图。

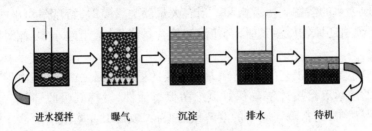

进水搅拌　　曝气　　沉淀　　排水　　待机

图 2.5　SBR 工艺流程

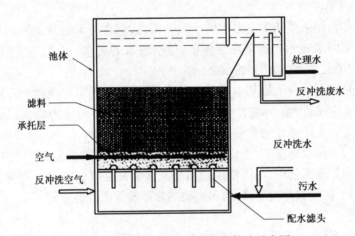

图 2.6　升流式曝气生物滤池的构造示意图

2.2.2　污水处理水质监测

(1)pH 值

pH 值是最常用的水质指标之一。天然水的 pH 值通常在 6 ~ 9;饮用水 pH 值要求在 6.5 ~ 8.5;某些工业用水的 pH 值必须保持在 7.0 ~ 8.5,以防止金属设备和管道被腐蚀。此外,pH 值在污水和废水生化处理中也非常重要,这是由于微生物只有在某一 pH 值范围内才能保持最大活性,故在生化处理中,pH 值是最基本的监测指标。另外在化学处理方法中,如中和法、混凝法等,也需要检测 pH 值,以确保反应能在最佳的 pH 值下进行,以获得尽可能高的反应效率。

(2)氧化还原电位 ORP

对一个水体来说,往往存在多种氧化还原电对,构成复杂的氧化还原体系,而其氧化还原电位是由多种氧化物质与还原物质发生氧化还原反应的综合结果。这一指标虽然不能作为某种氧化物质或还原物质浓度的指标,但能帮助我们了解水体的电化学特性,分析水体的性质,是一项综合性指标。

在废水处理过程中,氧化还原电位在厌氧处理工艺中尤其重要,这是由于厌氧环境不仅不能含有溶解氧,还需要整个厌氧系统整体上显示还原性特性,用氧化还原电位来表征就是其值小于0。对于市政污水生物处理中的厌氧池,其氧化还原电位通常需小于−100 mV。

（3）溶解氧

溶解于水中的分子态氧称为溶解氧。水中溶解氧的含量与大气压力、水温及含盐量等因素有关。清洁地表水的溶解氧接近饱和。当有大量藻类繁殖时，溶解氧可能过饱和；当水体收到无机物质、无机还原物质污染时，会使溶解氧含量降低，甚至趋于零，此时厌氧细菌繁殖活跃，水质恶化。

在废水好氧生物处理工艺中，溶解氧是最重要的监测指标之一，这是由于好氧生物处理方法需要一定的溶解氧溶度才能确保好氧细菌保持活性，发挥其吸收、降解有机物的作用。在好氧活性污泥法中，通常曝气池中的溶解氧需保持 2 mg/L 左右或者更高才能确保去除废水中的有机物、氨氮等污染物质。在曝气生物滤池工艺中，溶解氧需保持 3~4 mg/L。

（4）悬浮物/污泥浓度

悬浮物浓度和污泥浓度从本质上讲属于同一概念，但在污水处理的不同场合，分别用悬浮物浓度和污泥浓度来表示。通常在水体中，包括污水的进水、出水，常常以悬浮物浓度表示；而在生物处理单元中，常以污泥浓度表示。

悬浮物指标是废水中一个最基本的水质指标，其表示每升水中所含的不溶性固体的量。悬浮物（suspended solid）指悬浮在水中的固体物质，包括不溶于水中的无机物、有机物及泥砂、黏土、微生物等。水中悬浮物含量是衡量水污染程度的指标之一。悬浮物是造成水浑浊的主要原因。在污水排放标准中，规定了污水和废水中悬浮物的最高允许排放浓度。

在污水的生物处理工艺中，污泥浓度是用来间接表征反应池中微生物量的指标，污泥浓度高，其所含的微生物的量相对更高，对污染物的处理效果通常会更好。

（5）污泥界面

在污水处理的沉淀、浓缩等工艺过程中，需要确保知道池子中污泥的泥位，以便控制排泥的启动时间，污泥界面正是为了这一目的而监测的指标。在没有实时监测污泥界面的情况下，工艺运行人员通常只能凭经验或感觉来判断排泥的启动时间，有时在池子中污泥量并不多的情况下就启动了排泥，也有时在池子中污泥已经过量的情况下排泥。对污泥界面的实时监测可以很好解决这一问题，根据污泥界面的实时监测数据，在到达设定的污泥高度时，自动启动排泥泵进行排泥。

（6）化学需氧量（COD）

BOD_5 是城市污水处理中常用的有机污染物浓度分析指标，但是 BOD_5 测定存在测定时间长，一般需要 5 d；污水中难以生化降解的污染物含量高时误差大。因此，人们同时还要采用化学需氧量（COD）这个指标作为补充或替代。化学需氧量是指用化学方法氧化污水中有机物所需要氧化剂的氧量。COD_{Cr} 是以重铬酸钾作为氧化剂，测得的化学需氧量。化学需氧量在工业废水测定中被广泛采用，在城市污水分析时与 BOD_5 同时应用。

城市污水的 COD 一般大于 BOD_5，两者的差值可反映废水中存在难以被微生物降解的有机物。在城市污水处理厂分析中，常用 BOD_5/COD 的比值来分析污水的可生化性；可生化性好的污水 BOD_5/COD>0.3；小于此值的污水应考虑生物技术以外的污水处理技术，或对生化处理工艺进行试验改革，如传统活性污泥法后发展出来的水解酸化活性污泥法是一项针对难以生化的城市污水，具有较好降解效果的技术。成分相对稳定的城市污水，COD 与 BOD 之间有一定的相关关系，通过大量数据的分析对比，两个数值可以相互求出。在化验条件不具备时，可作为一种临时的方法。

(7) 氨氮

水中的氨氮是指以游离氨(或称非离子氨,NH_3)和离子氨(NH_4^+)形式存在的氮,两者的组成比例决定于水的 pH 值。水中氨氮主要来源于生活污水中含氮有机物受微生物作用的分解产物,焦化、合成氨等工业废水,以及农田排水等。

污水中的氨氮除少部分被细菌用来合成细胞物质外,绝大部分氨氮的去除是通过曝气的作用,在亚硝化细菌和硝化细菌的作用下,将氨氮转为硝氮;对氨氮进行过程监测可以优化处理、运行工艺,如以监测的过程氨氮值为基础,调节、控制曝气量、污泥浓度等参数,一方面保证出水的氨氮达标排放标准,另一方面确保工艺在最优化的状态下运行,避免过量曝气而浪费能源。

(8) 硝氮

硝氮是在有机环境中稳定的含氮化合物,也是含氮有机化合物经无机化作用最终分解产物。通常在市政污水处理设施的进厂水中,硝氮的含量极低,只有通过污水处理的好氧阶段后,氨氮被转化为硝氮,这时废水中的氮主要以硝氮存在,只有经过缺氧反硝化处理工艺后,硝氮被转化为氮气,废水的氮才被真正去除。监测污水在缺氧过程的硝氮值可以优化运行工艺,实现脱氮工艺实时控制。

(9) 总氮

污水中氮以有机氮、氨氮(NH_3-N)、亚硝酸氮(NO_2-N)和硝酸氮(NO_3-N)的形式存在,各类氮的总和称为总氮(TN)。对于处理后的污水,其除了氨氮需符合排放标准外,总氮也需符合相应的排放标准。

(10) 正磷酸盐和总磷

在天然水和废水中,磷几乎都以各种磷酸盐的形式存在,它们分为正磷酸盐、缩合磷酸盐和有机结合的磷。磷是生物生长必需的元素之一,但水体中磷含量过高会造成藻类的过度繁殖,产生水体富营养化的现象,造成湖泊、河流水质变坏。磷是评价水质的重要指标之一。

在污水的生物处理工艺中,除部分磷被细菌用来合成细胞外,其余部分的磷需要用其他处理方法去除,如化学加药方法,这时对正磷酸盐进行处理过程监测可以实时控制化学药剂的投加量,在确保出水水质达标的情况下,合理投加药剂的量。

(11) 总磷

水中磷的测定,通常按其存在形式而分别测定。总磷、溶解性正磷酸盐和总溶解性磷。采集的水样未经过滤,经强氧化剂分解,测得水中 TP;若经微孔滤膜过滤后,其滤液供可溶性正磷酸盐的测定;滤液经强氧化剂的氧化分解,测得可溶性总磷。

任何排放的污水或废水,对总磷浓度均有一定的要求,在排放口进行总磷监测可以及时掌握排放的总磷浓度。

2.2.3　排水管网的在线监测

市政排水管网按照其作用,一般有雨水排水和污水排水管网。两者在实际运行时有各自的特点。雨排管网内流量及介质变化较大,与降雨有直接关系。不降雨时,雨排管网内不仅没有流量,甚至长期处于旱季的雨排管线内没有水。而当降雨发生初期,雨排管网内水中含有大量的悬浮物,雨水浑浊。当降雨连续发生一段时间,雨排管网内水量增大,液位升高,其排水也将变澄清。而污水排水管网情况更为复杂,其流量、液位及介质情况受到人们生活习惯、单位企业生产情况以及降雨等因素影响。

由污水、雨水管网组成的城市排水系统,因其不同组建形式,形成了不同的排水体制。一般分为合流制和分流制两种。合流制是将污水、雨水合用一个管渠系统排除。而随着城市建设的发展,完全的直流式合流制排水已经逐渐改造成为了截留式合流制排水系统。同样,分流制管网系统中的不完全分流制排水系统已经渐渐向完全分流制系统升级。

一般情况下,城市排水管网系统收集来自城市各个功能区的污水、雨水。根据排水管网汇水区功能不同,可分为:商业区/文教区、工业区、居住区以及工商业居住混合区。这些区域因各自具有不同的运行特点,各区的排水也有不同特征。而整个城市排水系统通常由如下几个部分组成:排水支管(雨、污)、排水干管(雨、污)、溢流井(合流制)、截留管及泵站。在排水过程中,因整个排水系统庞大,在某些特殊位置可能出现管理困难、运转无规律、易发生意外情况、对系统影响重大等需要严加注意的位置,这些位置主要是:城市低洼地、溢流井(合流制)、雨水调蓄设施(分流制)、污水/雨水排出口。

(1)排水管网在线监测目的

市政排水管网水质监测的主要目的是增强管网污染物溯源能力及为排水管网管理能力提供数据支持。可对不同功能区域、不同重点污染物紧密监控,严控偷排偷放,同时为污水调配提供依据,为污水厂运行提供水质预测,以便污水处理厂调整工艺参数,保证出水稳定,并为污染物在管网内的迁移规律研究提供依据。

不同位置/区域进行水质数据采集的目的见表 2.2。出于不同的监测目的,可以有目的地选择是否在相应位置选择水质仪表进行监测。

表 2.2 不同位置/区域进行水质在线监测的目的

| 监测目的 | 泵站 | 商业区/文教区 | 工业区 | | | 居住区 | 城市低洼地 | 合流制溢流 | 雨水调蓄设施 | 污水排出口 |
			化工	电子/电镀	食品					
(1)	○	△	●	●	●	△				
(2)	●	●	●	●	●	●	△	△	△	△
(3)							△	●		●
(4)	△		●	●	●					
(5)	○	○	○	○	○	○	●	△		
(6)	●	△	△	△	△			○	●	○
(7)	●	●	●	●	●				○	

●:强相关   △:相关   ○:一般相关

(2)排水管网在线监测指标

对排水城市管网针对 pH、BOD_5、COD_{Cr}、悬浮物、氨氮、总氮、总磷、总镍、总铬、总铅、砷、总铜以及锌等水质数据进行采集。考虑到一些特殊工业区排入下水道的污水水质特征,适当选择电导率、氟离子、水中油指标进行采集。

根据不同功能区的管网运行特点,不同位置的监测参数选择参考表 2.3。

表 2.3　不同监测位置的水质参数选择

参　数		泵站	商业/文教区	工业区			居住区	城市低洼地	合流制溢流井	调蓄设施	管路排出口
				化工	电子\电镀	食品					
常规指标	pH	●	●	●	●	●	●	●	◎	●	◎
	电导	●	◎	●	●	◎	●	●	◎	◎	●
	BOD$_5$			●	●	●	●		◎	●	◎
	COD$_{Cr}$	●	●	●	●	●	●	◎	●	●	◎
	SS	●	●	●	●	●	●	●	●	●	●
	NH$_4^+$-N	●	●	●	●	●	●	◎	●	●	◎
	TN	●		●	●	●				●	
	TP	●		●	●	●				●	
重金属指标	总镍	◎			●					◎	
	总铬	◎			●					◎	
	总铜	◎			●					◎	
	总锰				◎						
特殊污染物	氟离子	◎			●					◎	
	氰离子	◎			●					◎	
	水中油	◎		●	◎	◎				◎	

●:应检测　　◎:宜检测

1)泵站:泵站一般为污水主管线的加压调配位置,密布于城市的支管收集污水后汇入总管,汇集到泵站。泵站承担加压输送污水至污水处理厂、强降雨时紧急排水、调配污水进入其他区域的任务。因泵站距污水处理厂或紧急排污时的受纳水体有一定距离,污水泵站的水质在线监测可以为污水处理厂提供预警或提前评估强降雨时污水排入受纳水体将带来的污染。

另外,对泵站污水水质进行监测,当水质恶劣,比如降雨初期悬浮物高、冲入酸碱性物质引起的 pH 异常。泵站内可以采取一定的措施对污水进行简单处理或调节,降低其对后续的影响。

2)商业区:商业区主要涉及餐厨污水、生活杂用水污水(卫生间、地面冲洗)、地面垃圾灰尘因降雨进入排水。此区域污水的特点为周期性强,水质较为规律,且出现工业污染物的可能性不大,因此此区域水质敏感度相比工业区低。通常对此区域的水质监测主要集中在常规参数,pH、氨氮、COD 和悬浮物。对此区域进行水质监测布点的主要目的是提高管网的管理能力,获得的数据可以在一定程度上为研究迁移规律提供依据,为正常情况或突发降雨时的水质预测提供依据。

3)工业区:根据不同类型,工业区应制订不同的水质监测计划。针对工业区管网水质监测通常以监控偷排投放、泄露事件为主要目的,当出现此类非正常事件,水质分析设备不仅可以采集数据保留证据,而且可以提醒下游污水处理厂采取相应措施,避免影响污水厂的正常运行。

4）居住区:生活区污水水质以一天为周期性变化,较为规律。监测参数以常规参数为主,因总磷总氮在污水迁移过程中会发生较大不确定性改变,可酌情监测。因生活污水通常是城镇污水处理厂的主要进水,其水质的波动对污水处理厂的运行通常有较大的参考意义。相比较泵站的水质监测,生活区污水水质更具有预警污水厂进水水质的作用。

5）城市低洼地:降雨时城市低洼地为主要雨水汇流区域,也是垃圾等悬浮物较易堆积区域。此区域的水质监测应以常规参数为主,而由于其水质并不具有整个管网运行代表性,可酌情减少监测参数,监测的主要目的集中在发现这种非正常积累污水、污染物的发生。

6）合流制溢流井:当使用截流式合流制系统,城市所有污水管线在进入污水处理厂前将首先经过一个合流制溢流井。溢流井在管路内液位较高,达到一定填充度时,将以溢流的形式将过多的污水直接排入河流。该设施的存在,是为了防止暴雨时大量雨水混合污水进入污水处理厂,超出污水处理厂水力负荷,而使得污水厂内活性污泥被冲刷而导致活性污泥流失。这种活性污泥的流失有两方面的影响:一方面污水处理厂瘫痪,且很难在短期内恢复;另一方面,因水量过大,二沉池无法正常工作,大量含有污泥的水随水流排入河流,导致极大的有机污染。因此,对于截流式合流制系统,溢流井的存在十分重要。

在暴雨发生,溢流井发生溢流,污水溢流进入河流,这种过程很可能对天然水体的影响不是非常严重,因为大量雨水的稀释作用,而且污染物浓度较高的初期雨水并没有进入河流。但是,溢流井是否发生了溢流,溢流进入天然水体的水质应该作为一个排水管网管理的数据参考。对此情况的水质监测,主要需针对主要常规污染物:COD、氨氮、SS。

7）雨水调蓄设施:主要用于收集降雨前期雨水,此时段雨水的各项污染物浓度均较高。这些高浓度污染物(主要为常规污染,距离工业区近的位置将有重金属和特殊污染物)如果直接以雨水的处理方式排入受纳水体(河流),大的污染物负荷可能导致较长时间内污染超过受纳水体的自净能力。因此,调蓄池的存在具有重大的意义。

利用雨水调蓄设施收集降雨初期雨水,并按照水质情况,判断如何处置初期雨水。如果污染物浓度不是非常高,且河流处于丰水期,可以将储蓄的初期雨水缓慢排入河流,依靠河流的稀释和自净能力降低污染物对环境的影响。当污染物浓度非常高,受纳水体很难接受,那么可以直接将初期雨水排入污水管网输送至污水处理厂处理。而调蓄池水质监测数据,也可以决定以多大输送负荷,以避免对污水处理厂正常运行产生不利影响。

调蓄设施内水质参数的选择应该以常规参数为主,但对于工业区附近的调蓄设施,应该根据工业区污染物特点增加重金属、氟化物、水中油、氰化物等特殊污染物。

8）管路排出口:多为泵站排入河流、污水处理厂处理出水排入河流的出口。对此类区域,应对常规参数进行监测,特别是 COD、氨氮和 SS。倒灌将引起管网内水量变大,污染物浓度降低,增大污水厂的处理水力负荷和处理难度。

(3) 排水管网在线监测平台及网络

当前在我国,大多数城市老城区依然采用合流制排水体制,甚至部分排水系统存在雨污混接现象,晴天污水流速较低,导致混接的雨水管网严重淤积,甚至管网堵塞,有效过流能力大大减小。同时由于地下管网本身的隐蔽性,日常维护人员也难以及早发现问题管段,对于城市排水管网运行的主要指标及参数如流速、流量、运行水位等不能直观看到。但是这些指标是日常管理必不可少的部分,对于管道的维护、更新改造、污水收集,以至于排水管道的科学研究、设计、规划等都有及其重要的意义。但是多年以来,这些数据的获得缺乏科学依据,基本依靠维护工人的经验、记忆获得,使得城市排水管网运行管理几乎停留在定性分析方面,更谈不上定量分析。要解决上述排水管网管理的问题,通过采取先进成熟的技术手段,建设一套功能实用,运行稳定的运行监测系统,实时掌握城市排水管网运行的各项技术指标和变化规律,也就是将排水管网运行管理方面所需要的各类指标实时采集、传输、处理、分析、汇集整理,以满足管理工作的需要,达到隐蔽工程排水管网运行全过程的透明化、数量化监控并利用现代通信与计算机技术实现数据自动化处理,使城市排水管网运行管理水平达到质的飞跃。如城市管网检测 SCADA(supervisory control and data acquisition)系统,是在可编程逻辑控制器(PLC)技术的基础上,结合了远程通信技术、网络技术、计算机技术而发展起来新型通用测控系统。它既保留了 PLC 现场测控的功能,又能通过远程网络通信协议实现远程监测。利用 SCADA 系统有效监测和管理城市污水排放及排污管网情况,能够准确及时地反映排水管网和检查井等构筑物以及污水干管的水质情况,实时监视和控制重点工业污水排放单位的水质、水量、可燃性气体百分比,为管理部分提供决策资料,同时起到污水排放监督,保护城市环境的作用。

氧化性杀生剂的加药量来控制水体中的微生物。

2.3　地表水环境监测

地表水自动监测系统是以在线自动分析仪器为核心,运用现代化技术(传感器技术、自动测量技术、自动控制技术、计算机应用技术)及相关的专用分析软件和通信网络所组成的一个综合性的水质监测系统。相比传统的手工采样分析,地表水自动监测系统可以实现水质的实时连续监测和远程监控,及时掌握主要流域重点断面水体的水质状况,预警预报重大或流域性水质污染事故,解决跨行政区域的水污染事故纠纷,监督总量控制制度落实情况,排放达标情况等目的。

2.3.1　地表水自动监测系统构成

地表水自动监测系统由取水单元、水样预处理及配水单元、辅助单元、分析监测单元、现场系统控制单元、通信单元、中心管理系统等组成(图 2.7)。取水单元、水样预处理及配水单元、辅助单元完成水质自动监测站的水样采集、水样预处理、管路清洗等采样过程;分析监测单元主要监测水温、电导率、pH、溶解氧、浊度、总氮、总磷、氨氮、高锰酸盐指数 9 个水质参数,有时根据需要可选择重金属、蓝绿藻、叶绿素、ORP、氟离子、流量等参数,完成监测站水质监测参数的分析过程;现场系统控制单元完成系统的在线监控操作、各类数据的采集等;通信单元实现数据及控制指令的上行及下行传输过程;远程监控中心作为系统的中心站,实时接收数据并进行远程监控操作及数据分析。地表水自动监测系统的设计必须参照国家有关技术标准、规范,满足用户对水质实时监测和远程监控的要求,为当地水资源实时监控系统的实施提供水质监督手段。

(1)取水系统

取水系统是保证整个系统能够正确运转、数据正确的重要部分,因此对于不同的河流、湖泊的水文状况、地理及周边环境,需要实地考察确定一个可行方案。取水系统的功能主要是在任何情况下都能将采样点的水样引到站房内部的仪器端,其水量和水压满足预处理和监测仪器的分析使用,并保证采集到的水样具有代表性,而且水样在运输过程中不变质。

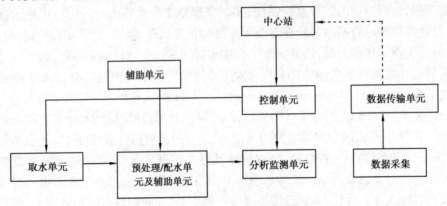

图2.7 地表水自动监测系统构成示意图

取水系统包括取水构筑物、取水浮台、取水泵、取水管路、清洗配置装置、保温配套装置、防堵塞装置等,有些特殊采样点还需要设计除藻单元,主要构成如图2.8所示。取水管路应具有较强的机械性能,抗压、耐磨、防裂、耐腐蚀等,还具有良好的化学稳定性,避免对水样产生污染。取水泵的选择多取决于用水量和水位差。采样点随水位的变化而上下移动,与水面的距离为0.5～1 m,与水体底部保持一定距离(枯水期),确保取样口不会受到水体底部泥沙的影响。

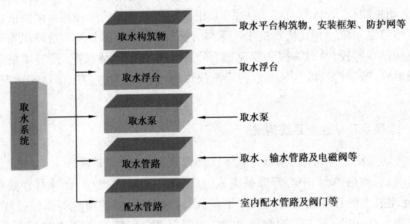

图2.8 取水系统构成图

(2)预处理系统

水质自动监测系统中的水样预处理系统运行是否可靠、合理,是衡量一个在线水质自动监测站能否在现场连续、正常、可靠运行的关键所在,同时也是系统可靠性的重要技术指标。

地表水水质自动监测系统运行过程中,遇到最多的问题是管路阻塞,管路及分析仪器的检测系统被污染、微生物滋生,造成系统经常停机或数据异常等问题。水样的预处理是为了保证除去水中的较大颗粒杂质和泥沙,并且保证进入分析仪器的水样中的被测成分不变。预处理的方法有过滤、粉碎、乳化等,对于地表水的监测,采用的预处理方法多为过滤。其中,对于水质五参数的测量,水样不需要经过任何处理,采用流通池方式直接进入仪器的进样方式,以保证水样浊度、DO、电导率、pH 及温度测量的真实性和准确性。对于其他参数的测量,预处理系统的主要组成为预沉淀、过滤、稀释、清洗、系统清洗等。

预处理系统的设计,需要注意如下事项:

①由于每种仪器对过滤精度的要求不同,在设计过程中根据仪器分别采取恰当的过滤方式,过滤精度符合仪器要求,避免了由过滤精度偏差对水质检测的影响和维护工作量的增加,从而实现设计和应用的合理性、实用性。

②降低过滤水样量。根据仪器分析所需要的水样量,用多少,过滤多少,尽量减轻过滤装置的负荷,减小故障率和维护工作量。

③采用具有自清洗功能和无拦截式流路设计的过滤器。

④粒径较大的砂粒通过旋流除砂装置进行处理。粒径较小的泥沙则通过带自清洗的过滤装置进行处理,并通过管路布置、液流速度和系统反清洗功能的辅助最大限度地降低泥沙对系统造成的不良影响。

⑤根据分析仪器和标准分析方法的要求,适当选用静置时间,以达到预处理效果。

(3) 自动监测系统

自动监测系统是地表水环境监测的核心部分,其他系统都是为这个自动监测系统的工作而工作。自动监测系统负责完成水样的监测分析工作,它由满足各检测项目要求的自动检测仪器及辅助设备组成,其中,水质自动监测仪器是水质自动监测系统中最重要、最昂贵的部分。

自动监测系统的主要监测的参数项目有:水温、pH 值、电导率、溶解氧、浊度、COD_{Mn}、COD_{Cr}、氨氮、硝酸氮、亚硝酸氮、总氮、总磷、TOC、叶绿素、氰化物、氟化物、水中油、六价铬、挥发酚、重金属、总砷、流量等。通常标准监测的项目包括:水温、pH 值、电导率、溶解氧、浊度、COD_{Mn}、氨氮、总氮、总磷。

自动监测仪器作为整个自动监测系统的核心设备,选择合适的监测仪器至关重要,主要考虑以下几点:

①整个自动监测系统总体设计符合国家、行业有关技术标准和规范。

②系统具有良好的兼容性和可扩展性,充分考虑将来仪表的扩充要求,相关设备保留相应的余量和接口。

③水质数据准确度和精密度满足要求,与实验室同步监测数据在允许误差范围内。

④系统具备断电、断水自动保护和恢复功能,系统自身可维持运转 12 ~ 24 h。

⑤能够判断故障部位和原因,具备故障以及状态异常自动报警功能;在线故障诊断,具备监测频次设置功能。

⑥系统控制软件界面设计应简洁、美观、实用,功能全面且操作方便,适合监测技术人员和其他人员解读,数据库具备管理、分析、查询和二次开发功能。

⑦废液排放安全,避免二次污染。

(4) 数据采集系统

数据采集和传输是将各个分析仪器输出的信号通过转化、采集到现场工控机或内置贮存器内,按设计要求进行数据处理、生成各种报表,发送到远程数据管理中心;同时,自动监测系统的一切状态参数和报警记录也可以传输到远程数据管理中心,便于中心了解系统工作状态。

1）现场采集单元：数据采集单元采用总线通信与模拟量采集相结合的方式，能自动采集4～20 mA 模拟信号及 RS-232/RS-485/MODUBUS 等数据信号，其中 PLC 主要采集各设备信号（开关量）、模拟信号，同时与现场工控机进行双向通信（汇报采集的数据，接收参数设置及上位机指令），对各执行机构进行控制。

PLC 具有掉电保护功能，各时间参数的设置值不会因掉电而丢失，上电后系统自动恢复工作。PLC 控制系统具有独立工作能力，当出现故障或检修时不会影响整个系统正常运转。具有手动、自动、远程命令等多种工作模式。可由现场工控机进行参数设置，可以由中心站计算机通过网络进行远程设置。

系统出现故障时，可进行自诊断自恢复，并将故障信息在第一时间内做出通知。

2）通信单元：通信单元负责完成监测数据从监测站到水环境监测中心的传输工作，并将中心的控制命令发送回监测站，主要包括通信终端设备、远程输出设备及相关应用软件构成。由于水质自动站数据量不大，但对通信线路的质量要求比较高，而通过有线网络 ADSL 进行数据传输是一种比较可靠的方式。而 GSM/GPRS 无线通信方式受通信基站、地域及天气的影响比较大，可靠性次之。

3）现场控制单元：现场控制与采集单元主要完成水质自动监测系统的控制、数据采集、存储、处理等工作，主要由控制柜、PLC 以及一些控制元件等部分组成。控制柜系统按照预先设定的程序负责完成系统采水配水控制，启动测试、清洗、除藻、反吹等一系列的动作。同时可以监测系统状态，并根据系统状态对系统动作做相应的调整。

系统控制应支持自动模式和手动模式。自动模式下系统按照预设的程序自动运行，无须人工干预。现场维护时启动手动模式，此时系统只有在现场维护人员手动启动下才进行相关的操作。系统还可接受远程启动命令，启动一些维护操作。

2.3.2　自动监测站

地表水自动监测站，根据不同现场工况，选择不同的监测站类型，主要有固定站、岸边站及浮标站，以满足不同监测的要求。

目前，地表水监测较多采用站房式监测方式。当开展实际项目时，由于在河道、岸（渠）边建造固定式水质监测点，通常需要征求多个部门的意见，协调时间长，特别是涉及征地、航道航行等事务时手续更显繁琐。还有一些现场，当已建好的监测点因水系治理变化，需要改变、迁移或变更监测点的时候，因为站房固定而无法移动，如要改变监测点只能新建站房，也会为项目的实施带来诸多不便。此类情况下，选择可移动的岸边站或浮标站，可有效地解决这一问题。

岸标站通常采用可移动式外壳结构，以便于安装、运输及迁移变更监测地点，同时对环境影响小。

浮标站是以线多参数水质监测仪为核心的水质监测手段。测量采用太阳能等绿色能源供电，浮标站本身形式小巧，易于移动，可在不同监测地点之间进行移动式测量，方便客户选择布点。浮标站通过使用探头式传感器监测常规参数监测水质情况。

2.4　地下水自动监测系统

地下水作为人类生存空间的重要组成部分,为人类提供了优质的淡水资源。但是,随着我国环境污染的日趋严重,人类活动导致地下水污染已从点状扩展到面状污染。地下水除自身受污染外,又成为土地污染的重要媒介。对地下水尤其是城市地下水的水文水质进行全方位的在线监测,全面掌握城市地下水的分布情况、变化规律、水量、水质等相关指标,为科学用水、科学节水提供可靠的监测数据,为地下水资源的开发利用决策提供支持。

地下水自动监测系统包括采样系统、自动监测仪器和数据采集系统。其中,采用系统主要是水样采集单元,地下水的采样设备分为采样泵和采样器两类。地下水采样泵将地下水抽出地面,一般都具有大扬程、流量小的特点。地下水的采样器放入地下水面以下,取得某一指定深度的水样,在提升到水面的过程中不能与地下水体发生水的交换。

自动监测仪器主要指水质水文指标传感监测单元。水文监测主要是地下水位、水量的监测分析,水质主要是水温、pH、电导率等参数的分析,一般采用电极法的多参数分析仪进行自动分析。

数据采集系统包括数据采集及无线/有线传输单元、数据分析单元。

2.4.1　水位

地下水水位是最普遍、最重要的地下水监测要素,地下水水位一般都以“埋深”进行观测,再得到水位。

按 SL 183—2005《地下水监测规范》要求,“水位允许精度误差为±0.01 m”,在 SL 360—2006《地下水监测站建设技术规范》中规定“水位误差应为±0.02 m”。

地下水水位监测时地下水的水体地下环境比较稳定,水位变幅较慢,但是埋深可能很深,测井管可能很小。

自动测量地下水位的仪器主要由浮子式和压力式的两种地下水位计。压力式水位计被较多的采用,其具有测量准确、稳定,并不易受外界环境干扰等特点,并且可对海拔、温度进行自动补偿计算。

2.4.2　水质分析

根据 GB/T 14848—2017《地下水质量标准》要求:重点监测指标为色度、嗅和味、浊度、肉眼可见物、pH、氨氮、硝酸盐、亚硝酸盐、挥发性酚类、阴离子表面活性剂、氰化物、氟化物、碘化物、重金属、总硬度、氟、铜、锌、钼、铁、锰、溶解性总固体、高锰酸盐指数、硫酸盐、氯化物、总大肠菌群、菌落数、三氯甲烷、四氯化碳、苯、甲苯、放射物,以及反映当地地区主要水质问题的其他项目。其中多数参数均可实现在线监测。

根据中国地下水水质状况,地下水在线水质监测指标分为两类:
①基础核心指标:pH、溶解性固体(电导率)、浊度、温度。
②特定污染风险性指标:氨氮、硝酸盐、亚硝酸盐、挥发性酚类、氰化物、砷、汞、铬(六价)、总硬度、铅、氟、镉、铁、锰、溶解性总固体、高锰酸盐指数、氯化物。

特定污染风险性指标监测仪表的投资较大,对于大面积地水水源井的水质监测,一般仅针对基础核心指标加氨氮、硝酸盐、氯离子进行在线监测,特定污染风险性指标只在后续水处理设施进水口处,根据当地地区主要水质问题选择性进行监测。

多参数水质分析仪一般采用高度集成化的多参数探头设备,将许多常规水质参数如 DO、pH、浊度、电导率、温度、水深等参数集成在一台主机上进行测量,方便使用。

探头只需放入水中即可读数,使用十分简单。配有随机软件,软件具有查看实时监测读数、设置探头参数、探头校准等功能。软件操作简单方便。

主机自带内存,可储存多条数据,配合软件的设置功能,可以独立在野外形成小型自动监测站,定时监测水质并记录到主机内存中。主机可使用干电池供电,也可以使用外接电源或蓄电池供电。

第**3**章

pH/ORP 在线分析仪

3.1 pH 在线分析仪

pH 是最常见的水质检测项目之一,在饮用水厂、污水厂及工业除盐水处理流程中,pH 检测具有极大的普遍性。

在饮用水厂的每一个工艺段都要求测量 pH 值:

①检测进厂水 pH 值,可以快速检测出水源地人为或非人为因素引发的安全事故。

②pH 数据可以帮助水厂运行人员确定工艺过程中的参数调整范围,如混凝沉淀工艺中的参数调整。

③要求在饮用水厂出厂水和给水管网中检测 pH。

对于采用生物处理工艺的污水处理厂,由于微生物对 pH 变化的高敏感度,因此 pH 是生物法污水处理的关键检测指标之一。

①在曝气池中,如果 pH 值过高或者过低,对于水中污染物起降解作用的微生物在将"食物"(即,水中污染物)转化为能量和"原材料"(即,污染物被微生物降解后,其生长和繁殖可利用的小分子物质)的过程受到抑制。

②如果硝化池中 pH 值下降过快,导致 pH 值偏低,在工艺中起硝化作用的硝化细菌受到抑制,进而影响硝化反应的效果。

③厌氧消化必须维持多个微生物种群数量的平衡,如果 pH 值超过了可接受的范围,那么甲醇的生成过程停止进而导致消化系统失效。

每一座污水厂都要遵守统一的排放标准,pH 是其中的一项重要的排放指标。

对于工业除盐水处理,pH 的监测可以及时反映水质状况,确保工业用水符合要求。

①工业用水原水 pH 检测,可以确定是否符合进水标准和要求。

②超滤及反渗透进出水 pH 监测,确保来水 pH 符合要求,对膜不产生损伤。

③工业用水点 pH 监测,确保符合用水水质要求。

3.1.1　pH 在线检测方法及原理

在中性环境中,水分子发生电离反应,生成氢离子(H^+)和氢氧根离子(OH^-),二者浓度相等。

$$H_2O \longleftrightarrow H^+ + OH^-$$

该反应是一个可逆反应,根据质量作用定律,对于纯水的电离可以找到一平衡常数 K 加以表示。

$$K = \frac{[H^+] \times [OH^-]}{[H_2O]} \tag{3.1}$$

式中　$[H^+]$——氢离子浓度,mol/L;

　　　$[OH^-]$——氢氧根离子浓度,mol/L;

　　　$[H_2O]$——未离解水的浓度,mol/L;因水的电离度很小,$[H_2O] = 55.5$ mol/L。

水的电离受温度影响,加酸加碱都能抑制水的电离。水的电离是水分子与水分子之间的相互作用引起的,因此极难发生。在一定温度下,K 是常数,如 25 ℃时 $K = 1.8 \times 10^{-16}$,所以 $K_{[H_2O]}$ 也是常数,称为水的离子积,以 K_w 表示。在 25 ℃时

$$K_w = K \times [H_2O] = [H^+] \times [OH^-] = 10^{-7} \times 10^{-7} = 10^{-14} \text{ mol/L}$$

水的离子积 K_w 只随温度变化而变化,是温度常数。在 15 ~ 25 ℃,因变化很小通常认为是常数,即 $K_w = 10^{-14}$ mol/L,但当水的温度升高到 100 ℃时,$K_w \approx 1 \times 10^{-12}$ mol/L。

在水中逐渐滴加酸性溶液,氢离子浓度不断增加,同时氢氧根离子浓度不断降低;在水中逐渐滴加碱性溶液时,情况正好相反:氢离子浓度不断降低,而氢氧根离子浓度不断增加。

pH 是氢离子浓度的测量值,pH 有如下定义:pH 是水溶液中氢离子摩尔浓度(M)的负对数。

$$pH = -\log[H^+] \tag{3.2}$$

log 是数学概念中的"对数"术语,pH 数值的计算采用以 10 为底的常用对数,这也表明:pH 每改变 1 个单位,氢离子浓度则改变了 10 倍,pH 值与氢离子浓度的关系如图 3.1 所示。

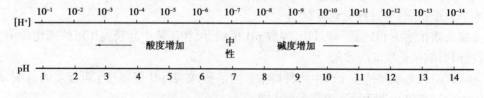

图 3.1　pH 值与氢离子浓度的关系图

典型的 pH 测量范围在 0 ~ 14。

①pH = 7 表明溶液中氢离子浓度和氢氧根离子浓度相等,溶液的酸碱性呈中性。

②pH < 7 表明溶液中氢离子浓度高于氢氧根离子浓度,溶液酸碱性呈现酸性。

③pH > 7 表明溶液中氢氧根离子浓度高于氢离子浓度,溶液酸碱性呈碱性。

④pH < 0 和 pH > 14 的情况时,溶液为强酸或强碱溶液,此时不用 pH 来表征。

由于 pH 是对数函数,所以溶液每改变 1 个 pH 单位,溶液中氢离子浓度就会有 10 倍的

改变。

pH 的测量主要依据能斯特方程,将化学能转换为电能的原电池或电解池相关的计算公式。能斯特(Nernst)方程可以用计算式(3.3)表达:

$$E = 2.3\frac{RT}{nF}\log(a_i) - E_0 \tag{3.3}$$

式中　E——电动势,以 mV 表示,指在真实条件下两个电极之间的电位差;

　　　E_0——标准电极电位,以 mV 表示,指在标准温度、压力和浓度下两个电极之间的电位差;

　　　R——通用气体常数,单位是 J/mol·K(焦耳/摩尔·开尔文温度);

　　　T——绝对温度,单位是开尔文,开尔文温度与摄氏度之间的换算关系为:开尔文温度=273+摄氏度;

　　　n——离子价态数;

　　　F——法拉第常数,单位是 C/mol(库伦/摩尔);

　　　a_i——离子活度。

3.1.2　pH 在线仪表结构

尽管 pH 值可以通过多种方法测量得出,对于 pH 电极而言,为了产生电势差,必须形成完整的电流回路。完整的电流回路是由插入同一溶液中的指示电极和参比电极构成,图 3.2 所示为参比电极和指示电极集成在一起的复合电极的结构,图 3.3 所示为 pH 复合电极中玻璃膜电极的结构示意图。

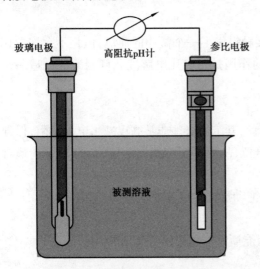

图 3.2　pH 复合电极示意图

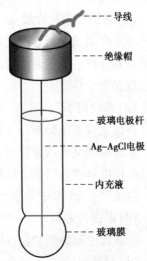

图 3.3　玻璃膜电极结构示意图

无论待测溶液的组成如何,参比电极的功能主要是提供恒定电位;指示电极对氢离子敏感度高,主要功能是测量由于溶液中氢离子的存在而引起的电位变化。通过 pH 和电位关系的校准曲线,可以将两个电极之间的电位差转化为溶液的 pH 值。

在能斯特公式中温度"T"作为变量,作用很大。随着温度的上升,电位值将随之增大。对于每 1 ℃ 的温度变化,将引起电位 0.2 mV/pH 变化。则每 1 ℃ 每 1 pH 变化 0.003 3 pH 值。这也就是说:对于 20～30 ℃ 和 pH=7 左右的测量来讲,不需要对温度变化进行补偿;而对于温度>30 ℃ 或>20 ℃ 和 pH>8 或 6 的应用场合则必须对温度变化进行补偿。

现代的 pH 值检测采用差分传感器技术,使用三个电极取代传统的 PH 传感器中的双电极。测量电极和标准电极都与第三个地电极测量电位,最终测出的 pH 值是测量电极和标准电极之间电位差值。该技术大大提高了准确性,消除了参比电极的结点污染后造成的电位漂移,如图 3.4 所示 pH 电极结构。

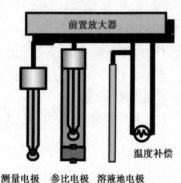

图 3.4 pH 电极结构

最常用的 pH 电极称为复合电极,即参比电极和指示电极集成在一个电极上,其各个组成部分及作用如下。

(1)参比电极

参比电极包含一个浸入参比电解质溶液中的参比单元,这个参比单元与待测溶液中的电解质构成一个电路连接。

参比电解质溶液通过一个多孔介质或者隔膜(有时称为"盐桥")与待测溶液构成电路连接,该多孔介质或"盐桥"可以从物理上将内部电解质溶液与外部待测溶液隔离开。

最常用的参比电极是表面涂有固体氯化银($AgCl$)的银电极(Ag)。选用银作电极的金属材料,原因在于:在所有金属中,银的导电性能最佳,电阻最小;氯化银($AgCl$)的作用是提供一个稳定的参比电压。

(2)盐桥或多孔介质

多孔介质或盐桥为参比电解液和待测溶液接触提供了一个微小的通道,但是不允许参比电解液和待测溶液相互混合。多孔介质或盐桥的作用是为参比电解液和待测溶液创造一个理想的接触条件。

(3)参比电解液

参比电解液主要作用是连接待测样品和 pH 计,其浓度必须非常高以减小电极电阻,保证在一定的温度范围内保持一个稳定的参比电极电位,从而不影响待测溶液的 pH 测量。最常用的参比电解液为饱和氯化钾(KCl)溶液。

氯化钾在 20 ℃ 的溶解度是 34 g,故 20 ℃ 下饱和氯化钾溶液浓度为 25.37%。

(4)温度传感器

为获得准确的测量值,pH 传感器必须补偿因能斯特方程中温度变化的影响。

(5)指示电极

指示电极是一种由特殊的玻璃材料烧结而成,该玻璃材料对氢离子浓度响应敏感,这种玻璃的主要成分为非结晶态的二氧化硅,掺入了一些碱金属氧化物,主要是金属钠(Na)的氧化物,即氧化钠(Na_2O)。

当玻璃表面与水接触后,玻璃中的碱金属离子(Na^+)以及溶液中的氢离子(H^+)之间发生离子交换反应。一层非常薄的水合凝胶层在玻璃外表面形成,同时在玻璃泡内侧与内部缓冲溶液接触的表面也形成薄薄的一层水合凝胶层。

氢离子迁出或迁入水合凝胶层取决于待测溶液中氢离子的浓度。在碱性待测溶液中,氢离子从水合硅凝胶层中迁出,因此在水和硅胶层的外层产生负电荷;在酸性待测溶液中,氢离子迁入水合硅胶层,因此,在水合硅胶层中的外表面产生正电荷。

3.1.3 pH 在线仪表的性能要求

pH 在线仪表的测量原理是玻璃电极法,其性能要求如下:

- 测量最小范围:pH:2 ~ 12(0 ~ 40 ℃)。
- 温度补偿范围:0 ~ 50 ℃。
- 超标报警功能。
- 系统具有设定、校对、断电保护、来电恢复、故障报警功能,以及时间、参数显示功能,包括年、月、日和时、分以及测量值等。

表 3.1 为 HJ/T 96—2003《pH 水质自动分析仪技术要求》。

表 3.1 pH 分析仪性能指标(HJ/T 96—2003)

项 目	性 能
重复性	±0.1 pH 以内
漂移(pH=9)	±0.1 pH 以内
漂移(pH=7)	±0.1 pH 以内
漂移(pH=4)	±0.1 pH 以内
响应时间	0.5 min 以内
温度补偿精度	0.1 pH
MTBF	≥720 h/次
实际水样比对试验	±0.1 pH 以内
电压稳定性	指示值的变动在±0.1 pH 以内
绝缘阻抗	5 MΩ 以上

3.1.4 pH 在线仪表的选型和安装

工业 pH 的应用非常之广泛,应用的场合也是千差万别。与市政及水环境监测的 pH 选型相比更复杂,工业场合选择合适的 pH 在线分析仪需考虑的因素有:被测量介质的组成及性质特点,被测介质的电导率、压力范围、被测介质的温度、安装方式等。

(1)pH 在线仪表的选型

①选型前首先要弄清楚被测介质的组成及性质特点,被测介质是否含有对电极有害的离

35

子,如 Br^-、I^-、Pb^{2+}、Hg^{2+}、Ag^+、Cu^+ 等及各自浓度范围。

②被测溶液的电导率同样会影响 pH 测量的精确度,工业中的除盐水、高纯水等常被要求检测 pH,而除盐水或高纯水的虽然水体比较干净,无影响干扰 pH 测量的杂质,但是这类水体由于电导率极低几十个 μs/cm 以下,甚至低于 1 μs/cm,电阻非常大且缓冲性能较差,普通 pH 计较难准确、快速的测量,因此需要选用低阻抗的纯水 pH 电极,并尽量避免或减少影响测量干扰因素。

③被测介质的压力范围对选取 pH 计同样非常重要,不论是凝胶型还是补液型的 pH 传感器都有一定的压力适用范围,一方面考虑到电极的机械强度,另一方面是保证参比电极的电解液能以一定的速度向外渗透,防止外部压力过高导致被测介质倒流进参比电极造成电极污染而导致测量不准确。另外,高压条件下对 pH 计的安装附件也有较高的要求,对于无法直接测量的高压情况下,需要减压预处理后测定 pH。

④应根据被测介质的温度范围选取 pH 计。若被测介质的温度超过电极的耐温范围,需要对样品进行降温或升温处理后再进行 pH 测定。高温环境下 pH 玻璃电极的玻璃敏感膜的老化,影响电极的使用寿命。

(2)pH 在线仪表的安装

根据 pH 计的使用场合不同,工业 pH 计的安装方式主要有浸入式和流通式两种。不同安装方式均是通过一定的安装支架实现的,并且无论哪种安装方式,应尽量和大功率设备分开供电,确保良好的接地线来减少外部因素的干扰。

1)常见的 pH 探头按其外壳安装方式可分为以下 3 类(图 3.5):

①可变式:探头两端均带螺纹。

②插入式:探头只有一端有螺纹,靠近电极端没有螺纹。

③卫生式:探头电极端带法兰连接。

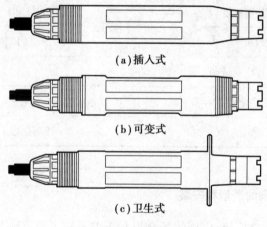

(a)插入式

(b)可变式

(c)卫生式

图 3.5　pH 外壳

2)pH 探头在实际使用中,根据不同的工况要求,其安装方式可分为管道插入式安装和池子浸入式安装两种。

①管道插入式安装:在密闭管道上测量 pH 使用,其安装方式如图 3.6 所示。

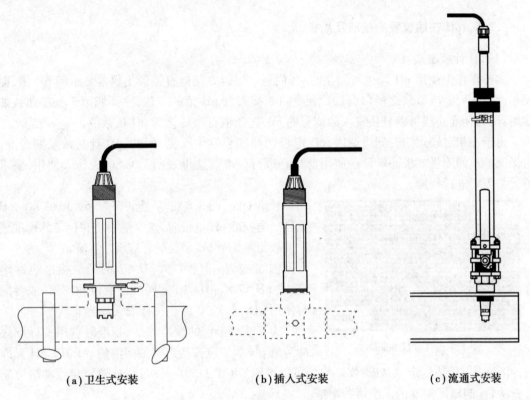

(a) 卫生式安装　　　　　　　(b) 插入式安装　　　　　　　(c) 流通式安装

图 3.6　管道插入式安装

②浸入式安装:用于敞口池子或容器中测量 pH 使用,安装方式如图 3.7 所示。

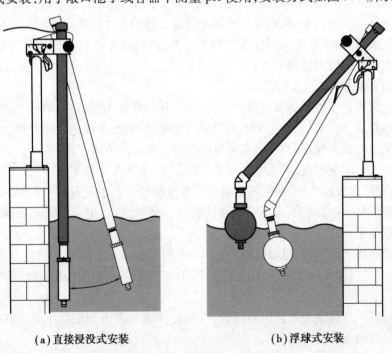

(a) 直接浸没式安装　　　　　　　　　　(b) 浮球式安装

图 3.7　浸入式安装

3.1.5 pH 在线仪表的校准及维护

(1)pH 计校准

实际工作中使用 pH 计进行测量时,我们通常可以方便地直接读出仪器显示的 pH 值,而无须读取 mV 电压值。之所以有如此便利可直接得到 pH 值的方法,主要归因于校准曲线的使用:因为标准曲线可以直接将仪器测量的 mV 电压值直接转化为 pH 读数值。

由于在相对较短的时间周期内,pH 电极的性能会发生改变,因此,pH 计必须定期校准。为保证最佳的测量效果,pH 计在使用前最好进行校准。这也表明:如果电极每天使用,要求每天都需要进行校准。

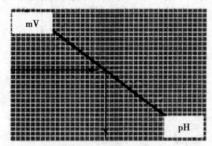

图 3.8　pH 计校准曲线

校准曲线(图 3.8)的最佳斜率为 -59.16 ± 3 mV/pH 单位。当校准 pH 电极时,建议使用与 pH=7 的标准缓冲溶液相差 3 个 pH 单位的标准缓冲溶液。

例如:选用 pH=4 和 pH=7 的两种标准缓冲溶液,或 pH=7 和 pH=10 的两种标准缓冲溶液,或者同时使用 pH=4、7、10 的三种标准缓冲溶液。

为了获得最佳的校准曲线,校准时选用的标准缓冲溶液 pH 数值应该接近待测溶液的 pH 值。pH 标准缓冲溶液是 pH 值测定的基础,实验室中可以按照 GB/T 27501—2011《pH 测定用缓冲溶液制备方法》配制出所需要的标准缓冲溶液。

对于具有温度自动补偿功能的 pH 计,在进行校准操作时,要求探头和标准缓冲溶液的温度达到平衡,在更换新的标准缓冲溶液后,需要使用去离子水或纯净水冲洗探头表面,从而可以清除探头表面残留的污染物,避免标准缓冲溶液之间的交叉污染。

在校准完成后,要求立刻将标准缓冲溶液丢弃,严格禁止将校准使用后的标准缓冲溶液倒回盛放标准缓冲溶液的试剂瓶中。

(2)pH 计的维护

新的电极探头必须极化后方可使用。初次使用前,将探头浸泡在 pH=7 的缓冲溶液中大约 30 min。这样做,可以使指示电极的玻璃泡与水充分接触,形成水合凝胶层,从而提高其导电性能。如果电极长期储存后启用,也要对电极进行极化后方可使用。

如果电极的响应速度慢,说明电极可能需要清洗,清洗方法如下:

清洗时,可将电极探头在温热、稀释后的中性洗涤剂中浸泡几分钟,确保洗涤剂是实验室级别的洗涤剂以免在电极玻璃泡上有残留洗涤剂。浸泡之后,用去离子水冲淋干净,并用纸巾将水吸干后使用。

对于顽固的污迹或污渍,可以选择 5% ~ 10% 的稀盐酸或氢氧化钠溶液浸泡。稀碱或者稀酸浸泡之后,电极探头用去离子水冲淋并在 pH=7 的缓冲溶液中中和后,方可进行 pH 的测定。

严禁使用刷子在玻璃泡表面用力擦洗,以免在玻璃泡表面产生微小裂痕或缝隙,从而导致电极探头报废而无法使用。

在线 pH 探头更加坚固,从而可以使用实验室的小毛刷进行玻璃泡表面的清洗操作。常见的 pH 计自动清洗方式的特点见表 3.2。

表 3.2　常见自动清洗方式特点

污染分类	介质或行业	超声波	刷子	喷水	喷水+刷子	脉冲喷水	化学药剂
油性污染	焦油类(石油炼制) 机械油(机械加工)	×	△	×	△	△	△
	轻质油(炼油/机械) 植物油(食品/家产品)	×	△	×	△	△	○
结垢污染: $Fe(OH)_2$,$FeCO_3$, $CaCO_3$,$CaSO_4$,ZnS,MnO_2, $Mg(OH)_2$,$Cr(OH)_3$ 等	氧化物(脱硫) 氢氧化物(脱硝) 硫化物(锅炉) 氯化物(酸洗) 无机盐(矿山排水、 电解厂)	△	×	△	○	○	
附着污染,黏附物	有机物(食品,纸浆) 藻类(水产加工) 细菌(活性污泥) 纤维(纺织印染)	△	○	○	○	○	△
悬浮物	土、砂(水泥,钻井) 粉末(化妆品)	○	×	△	×	×	△

注:×,不可用;△,可用;○,效果良好。

(3)pH 计检查

1)检查 mV 电压值:正如前面讨论的内容,当 pH 电极浸入 pH=7 的缓冲溶液中,此时,pH 计显示的 mV 电压值为 0。由于电极内部环境的改变,pH=7 的缓冲溶液的电压值将发生漂移,而不能显示 0 mV 值。

当电压值的变化超出一定范围(实验室 pH 计:0±30 mV;在线 pH 计:0±50 mV)时,这种情况表明:该电极探头需要很快更换,或者需要更换电解液。否则,将导致 pH 测量结果的不准确。

2)校准曲线斜率:pH 探头校准曲线的最佳斜率为−59.16 mV/pH。当 pH 探头有污垢或使用年限很长时,校准曲线的斜率与最佳值(−59.16 mV/pH)的差距会变得越来越大。如果探头在清洗后探头的校准斜率没有改善或逐渐接近可接受范围的下限,那么,pH 探头或盐桥(如果盐桥独立于探头之外)需要重新更换,以确保探头进行校准时,使用更新后的缓冲溶液。

3.2　ORP 在线分析仪

氧化还原电位(ORP)是多种氧化物质和还原物质发生氧化还原反应的综合结果,反映了体系中所有物质表现出来的宏观氧化-还原性,它表征介质氧化性或还原性的相对强弱,可以作为评价水质优劣程度的一个标准,在污水处理过程中,进行 ORP 值的监测可以直观了解处理过程进行的是否充分,有利于对整个污水处理流程的实时控制。近年来,在污泥的硝化工艺中,ORP 也被引入进行监测,用来考察工艺中各因素与 ORP 的相关性。另外在传统的活性污泥法厌氧池,也常用 ORP 值来表征是否处于厌氧状态。

3.2.1 ORP 在线检测方法及原理

氧化还原电位,也称 ORP,定义为在液接电势已消除的前提下,由某个氧化还原电对和标准氢电极组成原电池,在电极反应达到平衡时的电动势。

氧化还原电位的测定方法如下:将铂电极和参比电极放入水溶液中,金属表面便会产生电子转移反应,电极与溶液之间产生电位差,电极反应达到平衡时相对于氢标准电极的电位差为氧化还原电位。参比电极通常采用甘汞电极和银-氯化银电极。不同的氧化还原电对具有不同的 ORP 值,同一电对在不同温度或浓度下的 ORP 值也不同。当具有不同 ORP 值的两个或两个以上氧化还原电对共存于一个系统中时,电子会自发地由 ORP 值低的电对流向 ORP 值高的电对,最后达到平衡时测试的电势并扣除参比电极电势即为氧化还原电位值。

ORP 尽管不能作为某种氧化物或还原物的浓度指标,却可以反映系统氧化还原能力的相对强弱程度,有助于我们了解系统的电化学特征。同时,系统中化合物的组成、pH 和温度对系统氧化还原能力的影响度可以通过 ORP 值的变化体现出来。

3.2.2 ORP 探头

ORP 探头在结构上与 pH 电极基本一致,除了测量电极的材料不同。pH 电极一般使用玻璃电极,而 ORP 电极则需要使用惰性贵金属材料,通常为铂电极和金电极。由于 pH 和 ORP 探头的外形结构基本一致,故 pH 探头的各种安装方式也完全适合于 ORP 探头的安装。ORP 探头也是用其标准试剂来进行校准,方法同 pH 校准一致。

第 **4** 章
电导率分析仪

4.1　电导率定义及影响因素

　　液体介质的电导率是衡量其导电能力的指标。当液体介质中含有能离解成正负离子的电解质或一些可以在电场作用下产生向电极迁移的粒子或基团存在时,该液体介质就具备一定的导电能力。水溶液的电导率取决于离子的性质和浓度、溶液的温度和黏度等,电导率代表水的纯净程度,测定水和溶液的电导,可以了解水被杂质污染的程度和溶液中所含盐分或其他离子的量。电导率是水质监测的常规项目之一,在工业用水过程中,可以表征水质污染情况,故被广泛地应用于各行各业的水处理过程中。

　　电导率的标准单位是 S/m(西门子/米),但对于常见溶液而言,由于 S/m 这个单位显得太大,一般实际使用的单位为 μS/cm(微西门子/厘米),其他单位有:S/cm,mS/cm。电导率单位间的换算为:

$$1 \text{ S/m} = 10 \text{ mS/cm} = 10^3 \text{ mS/m} = 10^4 \text{ μS/cm} = 10^6 \text{ μS/m} \tag{4.1}$$

电解质溶液的电导率的大小主要受离子的数量和离子的运动速度两方面的因素影响。

4.2　电导率分析仪的测量原理

电导率分析仪的测量原理有电极法和电磁感应法两种。

4.2.1　电极法电导率

电极法电导率:电流通过横截面积为 1 cm^2,相距 1 cm 的两电极之间水样的电导。

电极法传感器的测量方法:在溶液中浸入二块相距一定距离、一定面积大小的金属片,当在两个金属片之间加入一个电压时,带电离子会被吸引到阳极或阴极并放电。电极法原理图如图 4.1 所示。

电极常数 K 的公式:

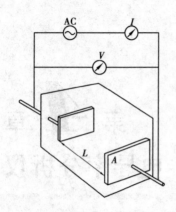

图4.1 电极法原理图

$$K = L/A(\text{cm}^{-1}) \tag{4.2}$$

式中　A——测量电极的有效极板面积；

　　　L——两极板的距离

在电极间存在均匀电场的情况下，电极常数可以通过几何尺寸算出。当两个面积为 $1\ \text{cm}^2$ 的方形极板，相隔 $1\ \text{cm}$ 组成电极时，此电极常数 $K = 1\ \text{cm}^{-1}$。如果用此对电极测得电导值 $S = 1\ 000\ \mu s$，则被测溶液的电导率 $Q = 1\ 000\ \mu s/\text{cm}$。

一般情况下，电极常形成部分非均匀电场。此时，电极常数必须用标准溶液进行确定。标准溶液一般都使用 KCl 溶液，这是因为 KCl 的电导率在不同的温度和浓度下非常稳定、准确。$0.1\ \text{mol/L}$ 的 KCl 溶液在 $25\ ℃$ 时电导率为 $12.856\ \text{mS/cm}$。

电导 S 和电阻 R 的关系为：

$$S = 1/R \tag{4.3}$$

电阻 R 和电极常数 K 的关系为：

$$R = \rho L/A = \rho K \tag{4.4}$$

式中　ρ——电阻率 $(\Omega \cdot \text{cm})$。

电导率 Q 和电阻率 ρ、电阻 R 及电极常数 K 的关系为：

$$Q = 1/\rho = SL/A = SK = K/R \tag{4.5}$$

对于特定的电导仪，有确定的电极常数，根据此电极常数和在此条件下测得的溶液的电导，便可算出溶液的电导率。

4.2.2　电磁感应法电导率

电磁感应法传感器是利用电磁感应原理测量溶液的电导率，测量范围一般为 $0.1 \sim 2\ 000\ \text{mS/cm}$，适用于中高电导率的测量。其工作原理是基于导电液体流过 2 个环形感应线圈时产生电磁耦合现象进行工作的，二个线圈一个是励磁线圈，一个是检测线圈，当在励磁线圈中加交变电压时，励磁线圈附近产生一个交变磁场，流过励磁线圈的导电液体类似于次级绕组，并产生感应电流，在液体同时流过检测线圈时，液体的感应电流在检测线圈中产生一个电压，这个电压与液体的电导率成正比。原理如图4.2所示。

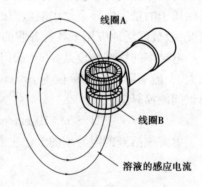

图4.2　电磁感应式传感器原理图

感应式电导率分析仪不受电极极化的影响，多用于检测中高电导率溶液，特别是含有腐蚀性组分的强酸、强碱和高盐溶液，在化工过程中应用很多。感应式电导率电极通常是采用耐腐蚀的高分子材质制成，包括 PP（聚丙烯）、PEEK（聚醚醚酮）、PVDF（聚偏氟乙烯）、PFA（特氟龙）等材质，这些材质具有非常强的耐腐蚀性，可以直接与腐蚀性介质直接接触。此外，对于许多污废水及高浓度浓缩液的电导率检测，感应式电导率的感应线圈不与被测介质直接接触可有效避免电极污染和腐蚀对电极的影响，且现场维护操作也非常方面。

电磁感应式电导率又称为电磁浓度计，可以检测酸或碱的浓度是其在工业行业中的又一重要应用。由于单一浓度酸或碱的电导率与其浓度之间存在一定的曲线关系。在某一浓度范围内,可以测定酸/碱电导率来获得相应的浓度。

在工业水处理过程中,经常会用到固定浓度的酸(如盐酸)和碱(如 NaOH)用于为树脂再生。电磁浓度计的应用可有效地保证再生酸碱的浓度,保证树脂再生的效率。

电磁感应式电导率电极的特点:

①非接触式测量,不存在极片腐蚀污染的问题,本质上抗污染、免维护。适用于需要维护少的现场。

②液接部位材质多为 PVDF、PFA、PEEK、PP 等材质,耐强酸强碱等的腐蚀,也适用海水的监测,适用范围广。

电磁感应式电导率不适合于纯水和超纯水等的低量程电导率的测量。电磁感应式电导率电极外形如图 4.3 所示。

图 4.3　电磁感应式传感器

(1)氢电导率

在电厂的水质分析监测项目中往往会发现有氢电导率这一指标。何谓氢电导率呢? 氢电导率是将水样先经过氢离子交换柱交换后的水,而测定得到的电导率,其单位同样是 $\mu S/cm$。测定氢电导率可有效抑制电厂给水加氨处理工艺中氨对水汽品质检测的影响,通过阳离子交换柱将铵根除去后,检测电导率就能准确反映水汽中阴离子的含量,从而能够连续反映热力系统水汽品质的变化,对可能出现的问题及时的发现并报警。

(2)摩尔电导率

溶液的导电性能不仅与溶液的性质有关,还与种类与浓度有关。即使是同一种溶液,浓度不同其导电的能力也是不同的。若仅知道溶液的性质和电导率,还不能说明其导电能力,更不能对不同浓度溶液的导电能力进行比较区分。因此,在溶液的电导率中引入了浓度的概念,即摩尔电导率。

摩尔电导率是指相隔 1 cm,极板面积 1 cm^2 的两个平行电极之间充以浓度为 1 mol(基本单元以单位电荷计)的溶液时的电导率,用 λ 表示。

$$Q = c\lambda \tag{4.6}$$

式中　Q——溶液的电导率,S/cm;

　　　c——溶液的摩尔浓度,mol/L;

　　　λ——溶液的摩尔电导率,$S \cdot cm^{-1}/mol \cdot L^{-1}$。

(3)脱气氢电导率

脱气氢电导率顾名思义是水样经过脱气处理后的氢电导率。在电厂或工业自备电厂的水汽监测中脱气氢电导率这一指标应用越来越多,锅炉水系统纯水中溶入二氧化碳会导致氢电导率测量值异常偏高,并造成汽水品质合格率低、机组启动时间延长等问题。脱气氢电导测量的是排除二氧化碳等可溶性气体影响后的氢电导率。目前市场上用于脱气氢电导率测量的分析仪(图4.4)的脱气方法主要有三种:沸腾法、气体吹扫法和膜脱气法。

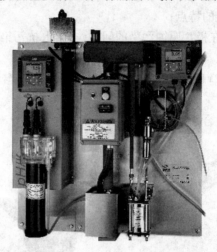

图4.4　脱气氢电导率分析仪

4.3　电导率电极

水和溶液的电导率差别非常大,为适应不同的电导率溶液的检测,人们开发出两种适应不同量程范围的电导率电极,接触式电导率和感应式电导率(图4.5)。

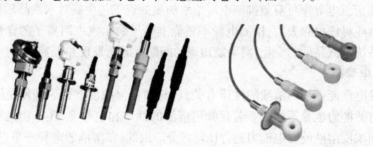

（a）接触式电导率电极　　　　　　　　　（b）感应式电导率电极

图4.5　电导率电极

接触式电导率分析仪主要应用于检测中低电导率的较洁净的溶液,包括地表水、自来水、高纯水等。这类电导率的电极材质一般是 SS316 不锈钢、钛合金、石墨,只有少数厂家会采用贵金属铂作为电极。电极的绝缘隔离材料经常选用含氟或全氟的耐腐蚀的高分子材料。同时由于电导率的测量是和温度有关的,因此电极内部一般都会设计一个测量温度的元件,用于对电导率进行温度补偿。

接触式电导率的选择一般会根据被测溶液介质的电导率范围而选择相应电极常数的传感器,市面上接触式电导率电极的电极常数常设计成 0.01、0.05、0.1、0.5、1、5、10。电极常数小的电极适用于电导率低的溶液,电极常数大的电导率适用于电导率高的溶液。譬如:电极常数为0.01的电导率电极可以检测工业纯水、超纯水的电导率。HACH接触式电导率电导常数与电导率测定范围见表4.1。

表4.1 HACH接触式电导率电导常数与电导率测定范围

传感器电极常数与其测定范围		
传感器电极常数	本身的测量范围	
	电导率/$(\mu S \cdot cm^{-1})$	电阻率/$(M\Omega \cdot cm)$
0.05	0 ~ 100	0.002 ~ 20
0.5	0 ~ 1 000	0.001 ~ 20
1	0 ~ 2 000	—
5	0 ~ 10 000	—
10	0 ~ 20 000	—

接触式电导率一般设计成二电极形式,在高电导率溶液的测量过程中,有时会将电极设计成四电极形式,以减少因导电离子在电极间定向迁移引起的极化作用而带来的测量误差。但是四电极形式的电导率电极的内部结构可能会较为复杂,一旦污染物进入到电极会难以清洗去除,容易造成电极的故障。

感应式电导率的测量原理是基于法拉第电磁感应定律设计的。电磁感应式电导率传感器在溶液中封闭回路中,产生一个感应电流,通过测量电流的大小得到溶液的电导率。电导率分析仪驱动初级线圈,在被测介质中产生一个交变电流,封闭回路中这一电流信号通过传感器的内径孔和周围的介质。次级线圈产生的感应电流的大小正比于被测介质的电导率。

4.4 电导率的安装、维护和校正

4.4.1 电导率的安装

电导电极的安装可以选择管道插入式安装、流通池式安装或浸入式安装,视不同的工况条件和工艺需求而定(图4.6)。插入式安装,在通过螺纹或法兰与工艺设备/管道相连接时能保证一定的插入深度。插入式安装对电极的要求较高,电极的选择上要满足现场工况的温度、压力、介质、环境的相应要求。同时,要考虑电极维护校正时尽量不影响工艺的正常运行。流通式安装相对较简单,普通、复杂的工况均能适用。当介质温度或压力超过电导率电极耐受的范围时,插入式安装是不可取的,此时可采用降温减压预处理后进行流通式安装检测。此外,流通式安装便于维护和校正,通过采用管路的截断阀可以在不影响主管路的情况下进行电极的维护校正。在敞口式反应池、渠道或容器中测量电导率时,可采用浸入式安装。

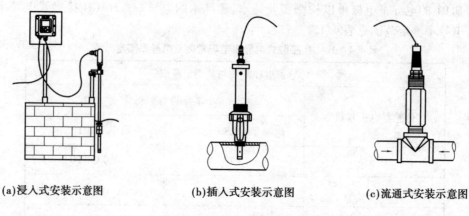

(a)浸入式安装示意图   (b)插入式安装示意图   (c)流通式安装示意图

图4.6   电导率常见安装方式

4.4.2   电导率的维护

电导率分析仪的维护一般来说取决于溶液的电导率的高低,溶液电导率越高,对电极表面的要求也越高,因此日常检查的频率相对较高。电导率分析仪相对比较简单,维护量相对较少,主要是定期检查电极是否有腐蚀,是否有油污、沉淀物的附着。解决的办法也较简单,只需对电极进行清洗和电极常数的检验和校正。若有沉降物或油污可用柔软干净的毛刷或棉花轻轻擦去电极上的沉积物即可,主要不要擦伤电极。或者采用一定浓度的清洗剂进行清洗(如1%的盐酸溶液),清洗完之后要用蒸馏水将清洗液冲洗干净即可。

4.4.3   电导率的校正

大多数的电导率分析仪的电极常数在出厂前就已经是确定值了,仅就检测电导率而言,偏差一般很小,但在一些需要进行准确测量的场合,需要用标准的电导率溶液对电导率测量系统进行校正。电导率的标准溶液经常选用的有两种,一种是氯化钾溶液(表4.2);另一种是符合 IEC 60746—3 规范的采用重量比浓度的氯化钠溶液。

表4.2   氯化钾溶液的电导率值(JB/T 8277—1999)

标准溶液	电导率/$(S \cdot cm^{-1})$				
浓度/$(mol \cdot L^{-1})$	15 ℃	18 ℃	20 ℃	25 ℃	35 ℃
1	0.092 12	0.097 80	0.101 70	0.011 131	0.131 10
0.1	0.010 455	0.011 163	0.011 644	0.012 852	0.015 353
0.01	0.001 141 4	0.001 220 0	0.001 273 7	0.001 408 3	0.001 687 6
0.001	0.000 118 5	0.000 126 7	0.000 132 2	0.000 146 6	0.000 176 5

注:表中所列之值未包括水本身的电导率。所以在测定电极常数时,应先用水做空白实验,即先求出水的电导率再加在上表的数据中进行计算。另外,在测定时还需注意空气中 CO_2 的影响,CO_2 溶于水中会带来测量误差。

电导率的零点校正通常是采用在干燥的空气中检验其零点。

4.5 电导率性能要求

电导率性能要求如下：
- 准确度：满量程的±1%；
- 重现性：±1%以内；
- 温度补偿：0~100 ℃；
- 温度系数：(0.5~4)%/℃。
- 系统具有设定、校对、断电保护、来电恢复、故障报警功能，以及时间、参数显示功能，包括年、月、日和时、分以及测量值等。

HJ/T 97—2003《电导率水质自动分析仪技术要求》中的性能指标见表4.3。

表 4.3 电导率分析仪性能指标(HJ/T 97—2003)

项　目	性　能
重复性误差	±1%
零点漂移	±1%
量程漂移	±1%
响应时间	0.5 min
温度补偿精度	±1%
MTBF	≥720 h/次
实际水样比对试验	±1%
电压稳定性	指示值的变动在±1%以内
绝缘阻抗	5 MΩ 以上

第5章
浊度、悬浮物浓度和污泥界面在线分析仪

5.1 浊度在线分析仪

5.1.1 浊度的概念

悬浮颗粒物的存在阻碍了光线在水中的正常通过而引起的浑浊特性,称为浊度。浊度是反映天然水和饮用水等的物理性状的一项常规指标,用以表示水的清澈或浑浊程度,是衡量水质优劣程度的重要指标之一。

浊度是重要的水质检测项目,其定义的最基本的含义是用于表示水的相对洁净程度。

天然水的浑浊度是由水中含有泥沙、黏土、细微的有机物和无机物、可溶性带颜色的有机物、浮游生物和其他微生物等细微的悬浮物所造成。浊度的测量结果是一个综合性指标,无法区分所测悬浮物的物质组成。浊度测定虽然不是直接测定悬浮颗粒的浓度,而是测量由颗粒物的存在引起光散射效应的程度,但可间接表示水或溶液中悬浮颗粒物含量。

多年来NTU一直是美国US EPA 180.1方法的浊度标准单位,FNU用于ISO 7027方法的单位体系中,FAU则用于投射法浊度检测单位。美国酿造化学家单位制协会ASBC和欧洲酿酒公约单位制EBC要求酿酒工程测定酿造过程中水的浊度,浊度单位采用EBC表示。

浊度在饮用水、污水回用、环境水体水质监测、药厂、电厂、炼化和食品加工等工业还有着非常广泛的应用。在市政饮用水领域,根据我国《生活饮用水卫生标准》(GB 5749—2006)的规定,要求饮用水管网末梢(或水龙头)出水的浊度必须小于1 NTU。

除了满足感观指标要求外,浊度指标与颗粒中的有害微生物及化学消毒剂有着非常紧密的联系。高度浑浊的饮用水在视觉上让人感到非常不舒服,从而引发人们对健康安全的关注。因为,造成浊度现象的悬浮颗粒物中裹挟了许多细菌、病毒等致病微生物以及有助于其生长、繁殖的营养物质,如果不降低出厂水的浊度,悬浮颗粒物就会随着水流经过管网进入管网末梢,而悬浮颗粒物中的细菌和病毒等微生物得以在管网中继续生长、繁殖,进入千家万户的饮用水中,造成肠道疾病的大规模爆发。

5.1.2　浊度在线检测方法及原理

当前对于浊度的检测,无论是实验室检测或在线仪器检测,均采用90°散射方法。散射法浊度仪检测与光源呈90°方向的散射光。研究表明:90°方向上的检测器对于悬浮颗粒物散射光的响应灵敏度更高,可以消除不同尺寸颗粒物对于散射光的影响。按照90°方向检测器设计的浊度仪测量浊度方法符合美国国家环境保护局(US EPA)规定的浊度监测分析方法,测量结果以NTU为表示单位。

图5.1是带有90°方向检测器浊度仪的浊度测量示意图。由钨灯光源发射的光线,经过透镜形成平行光束后,通过样品瓶,光线接触样品中的颗粒物后形成散射,在与发射光束呈90°方向的光度检测器,测定90°方向上散射光的强度。此时,浊度仪中的微型处理器,通过比照校准曲线,将散射光强度转化为NTU为计量单位的读数值。

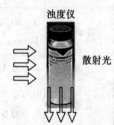

图5.1　散射法浊度仪的浊度测量示意图

为什么散射法浊度仪的检测器设计为90°方向? 散射法浊度仪测定散射光,而影响散射光强度的因素有很多,例如:颗粒尺寸、颗粒形状、折射系数、颗粒或者样品颜色以及颗粒物浓度等,不同尺寸颗粒物的散射光强度有差异,微小颗粒有对称的前向和后向散射光;大尺寸颗粒的前向散射光要多于后向散射光,通常,超大颗粒的前向散射光要远远多于后向散射光而且规律性差。然而,尽管颗粒的尺寸不同,但是所有颗粒在与光源呈90°方向上的散射光强度几乎是相同的。

5.1.3　浊度分析仪结构

TU5系列浊度仪发射的激光进入样品中,测量样品中悬浮物颗粒产生的散射光。与入射光束呈90°的散射光,通过锥形反射镜后360°环绕样品,最终被检测器检测到。

散射光与水样中的悬浮颗粒物成正比。如果样品中含有微小的悬浮颗粒物,那么仅有很少的散射光会被检测器检测到,因此浊度值将会较低。反之,大的悬浮颗粒物会形成较强的散射光,导致较高浊度值。

当前市场上主流的在线浊度分析仪,普遍内置测量瓶,外部水样持续通过测量瓶,同时从光源发出的光从测量瓶底部向上照射,而检测器通过检测90°方向的光强,实时计算水样的浊度。目前哈希公司的TU5系列在线浊度仪,可检测与测量瓶底部入射光呈90°散射光的360°范围内的光强,而不是检测单个90°散射光的光强,其结构示意图如图5.2所示。

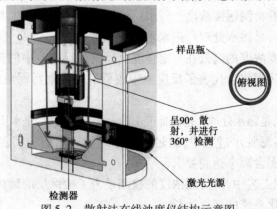

图5.2　散射法在线浊度仪结构示意图

5.1.4 在线浊度分析仪的性能指标

在线浊度分析仪主要的性能指标见表5.1。

表5.1 在线浊度分析仪性能指标

量 程	EPA:0 ~ 700 NTU、FNU、TE/F、FTU;0 ~ 175 EBC。 ISO:0 ~ 1 000 NTU、FNU、TE/F、FTU;0 ~ 250 EBC
准确度	0 ~ 40 NTU:读数的±2% 或 0.01 NTU(取较大值); Formazin 主要标准,在 25 ℃下,40 ~ 1 000 NTU 时,读数的±10%
分辨率	0.000 1 NTU、FNU、TE/F、FTU、EBC
重复性	0.002 NTU 或读数的 1%(取较大值),在 25 ℃(>0.025 NTU 量程); 0.000 6 NTU 或读数的 1%(取较大值),在 25 ℃(>0.025 NTU 量程)
响应时间	在 100 mL/min 时,T_{90}<30 s
样品流量	100 ~ 1 000 mL/min;最佳流速:200 ~ 500 mL/min
样品压力	2 ~ 40 ℃时最大 6 bar(87 psi);40 ~ 60 ℃时最大 3 bar(43.5 psi)
安装方式	壁挂式
电源要求	100 ~ 240 VAC±10% ,50/60 Hz;24 VDC(-15% ~ + 20%)

5.2　悬浮物在线分析仪

5.2.1 悬浮物的概念

悬浮物是最常见的污水水质检测项目之一。在污水厂中,对悬浮物的检测涵盖了进水、出水及工艺过程检测,具有极大的普遍性。对于工艺工程的悬浮物浓度,如活性污泥法污水处理工艺,通常将悬浮物浓度称为污泥浓度,两者在检测方法上是一致的,所用的在线检测仪表也相同,主要区别在于污泥浓度的差别。另外在污泥处理领域,如污泥浓缩、污泥消化、污泥脱水等过程中,也需要检测污泥浓度。污水厂检测悬浮物的意义主要为:

①进水悬浮物浓度,是污水处理厂进水水质指标之一。

②在曝气池中,污泥浓度的高低在一定程度上反映了反应池中的微生物量。在其他条件相同的情况下,较高的污泥浓度代表了反应池中较低的污染物污泥负荷,对污染物的降解效果也相对越好。

③出水悬浮物浓度,是污水处理厂排放标准中的一个重要指标,是水质检测是一个常规指标。

④在污泥浓缩和污泥脱水过程中,通过检测浓缩和脱水后的污泥浓度来表征污泥含固率,以确保处理后的污泥含固率达到要求。

⑤在污泥消化处理工艺中,对污泥浓度的检测是为了确保反应罐内的污泥浓度在一定的范围内,以保障污泥消化系统的高效运行。

5.2.2　悬浮物浓度在线检测方法及原理

在线悬浮物浓度分析仪的检测一般采用光学法,根据仪表探头上检测器位置的不同,分为悬浮物浓度检测和浊度检测,很多悬浮物浓度在线分析仪也具备对浊度的检测功能。

红外光在污泥和悬浮物中透射和散射的衰减与液体中的悬浮物浓度有关。传感器上发射器发送的红外光在传输过程中经过被测物的吸收、反射和散射后仅有一小部分光线能照射到检测器上,透射光的透射率与被测污水的浓度有一定的关系,因此通过测量透射光的透射率就可以计算出污水的浓度。

以典型的浊度/污泥浓度在线分析仪为例,在测量探头内部,位于 45°有一个内置的 LED 光源,可以向样品发射 880 nm 的近红外光,该光束经过样品中悬浮颗粒的散射后,与入射光呈 90°的散射光由该方面的检测器检测,并经过计算,从而得到样品的浊度。当测量污泥浓度时,与入射光成 140°的散射光由该方面的后检测器检测,然后仪器计算前、后检测器检测到的信号强度,从而给出污泥浓度值。

由于 LED 发出的是 880 nm 的近红外光,而非可见光,故样品固有的颜色不会影响测量结果。

5.2.3　悬浮物在线分析仪结构

悬浮物在线分析仪一般由变送器和传感器组成,其检测的核心为传感器,变送器主要用来完成参数设置、校准、观察检测结果、信号输出等。采用光学法原理进行检测的悬浮物在线分析仪一般采用探头式外形结构,其主要有 LED 光源和检测器,根据现场使用环境,也可配备自清洗刷子。图 5.3 为较为典型的悬浮物在线分析仪结构示意图,内含两个检测器,分别与光源呈 90°和 140°,可完成对浊度或悬浮物浓度的检测。

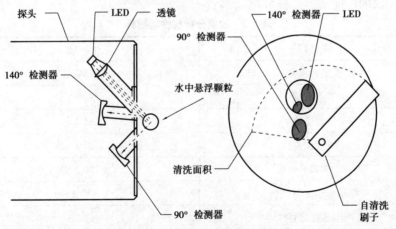

图 5.3　悬浮物在线分析仪结构

探头式浊度/悬浮固体浓度分析仪由于长期浸没在水中,水中的污泥是最大的干扰因素。所以,自动清洗装置是非常重要的。一般的自动清洗方法有自动喷水冲洗、自动高压气体吹洗、自动机械毛刷擦洗和自动塑胶刮片定期刮擦。采用塑胶刮片在每次测量之前刮擦掉覆盖在探头表面的污泥,是最好的自动清洗方法之一,尤其是在很脏的地表水或需要维护工作量比较小时尤为明显。图 5.4 为带自清洗刷的探头式浊度分析仪外形。

图 5.4　带自清洗刷的探头式浊度分析仪外形

5.2.4　悬浮物分析仪的性能指标

悬浮物分析仪至今未有对应的标准,实际应用中参照浊度分析仪。因此悬浮分析仪的性能要求和性能指标参考 HJ/T 98—2003《浊度水质自动分析仪技术要求》,浊度分析仪性能要求如下:

- 测量范围:0～200 NTU,0～500 NTU,0～1 000 NTU。
- 自动清洗功能。
- 准确度:±0.5 mg/L。
- 温度补偿范围:0～50 ℃。
- 系统具有设定、校对、断电保护、来电恢复、故障报警功能,以及时间、参数显示功能,包括年、月、日和时、分以及测量值等。

浊度分析仪的性能指标见表5.2。

表 5.2　浊度分析仪性能指标

项　　目	性　　能
重复性误差	±5%
零点漂移	±3%
量程漂移	±5%
线性误差	±5%
MTBF	≥720 h/次
实际水样比对试验	±10%
电压稳定性	±3%
绝缘阻抗	5 MΩ 以上

5.2.5　悬浮物在线分析仪的安装

为应对不同的工况要求和现场实际条件,悬浮物在线分析仪的安装主要有浸入式安装和管道插入式安装。

(1)浸没式安装

在大多数情况下,悬浮物在线分析仪均用于敞开式反应池、渠道中,此时浸没式安装即可满足要求,其安装示意如图 5.5 所示。

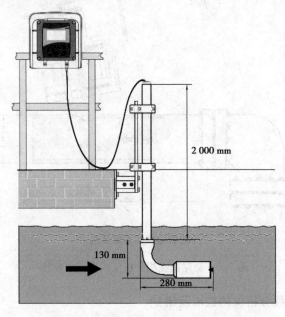

2 000 mm

130 mm

280 mm

图 5.5　悬浮物在线分析仪的浸没式安装

(2)管道插入式安装

管道插入式安装方式中,应避免将分析仪探头安装于管道的顶部或底部,而应将探头安装于管道的侧面,如图 5.6 所示。

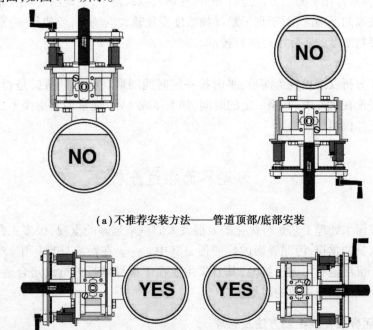

NO

NO

YES　YES

(a)不推荐安装方法——管道顶部/底部安装

(b)推荐安装方法——管道侧面安装

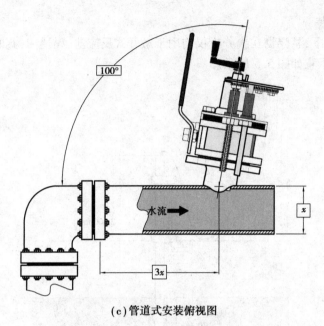

（c）管道式安装俯视图

图5.6　悬浮物在线分析仪的管道式安装

5.2.6　悬浮物在线分析仪的校准及维护

（1）校准

悬浮固体浓度要求对实际水样进行校准,这样可优化测量现场的颗粒大小和形状对检测结果的影响。最好的执行方法是:在传感器测量点附近取水样,记录此时传感器的悬浮物浓度测量值,然后将水样用实验室方法进行分析,并输入控制器中,系统将完成校准。通常单点校准就可获得较高的准确度,对于现场悬浮物浓度变化较大的场合,可执行多点校准,即分别取多个不同悬浮物浓度的实际水样进行校准。

（2）维护

悬浮物在线分析仪维护较为简单,平时按一定时间周期观察测量窗口是否有损坏,另外由于探头长期浸没在水样中,每隔一定的时间,如1年或2年,通常需要更换密封圈以避免水进入探头内部损坏仪器。

5.3　污泥界面在线分析仪

近年来随着污水处理工艺运行优化的发展及人们越来越多的重视,很多工艺过程参数越来越受到运行人员的重视,污泥界面的检测便是其中之一。在污水处理厂中,对污泥界面的检测主要集中于沉淀池和污泥浓缩池,其意义主要在于指导运行人员设定合适的排泥参数,以便优化沉淀池和污泥浓缩池的运行。

5.3.1　污泥界面在线检测方法及原理

污泥界面在线监测仪利用了超声波测量原理,浸入水中的超声波测量探头连续不断向池底发射具有一定频率、一定振幅的超声波,超声波在向下传播的过程中,遇到悬浮及沉淀的污泥后被反射回来,并且不同密度的污泥层反射回来的信号强度也不同。仪器通过检测反射回来的超声波信号强度及时间,并经过处理,就可以得到污泥界面的深度或厚度。

5.3.2　污泥界面在线分析仪结构

污泥界面在线仪表一般由变送器和传感器组成,其检测的核心为传感器,变送器主要用来完成参数设置、校准、观察检测结果、信号输出等。污泥界面在线仪采用超声波反射原理,分析仪采用探头式外形结构,其主要有超声波发射器和检测器,根据现场使用环境,探测器表面也可配备刮刷。图 5.7 为较为典型的污泥界面在线分析仪表示意图。

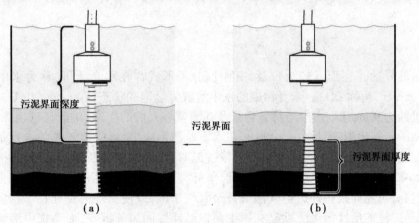

图 5.7　污泥界面在线分析仪表示意图

5.3.3　污泥界面在线分析仪的维护

污泥界面在线分析仪表的维护较为简单,在必要时,通常用水和适当的刷子去除探头或支架上的污染,用水和软棉布小心清洗超声波传感器。

第 **6** 章
溶解氧在线分析仪

氧在自然界的存在形式较为广泛,其中以分子形式存在水介质里,称为水中的溶解氧(dissolved oxygen,简称 DO)。未受污染的水中溶解氧呈饱和状态,在 1atm、20 ℃时的饱和溶解氧的含量约为 9 mg/L。水中溶解氧含量及其测量与人们的生产、生活息息相关,是很多部门至关重要的常规检测项目之一。例如,在水质监测系统中,水中溶解氧的含量是评价水体受污染情况的重要指标之一。如水中溶氧量过低时,厌氧细菌活跃繁殖,造成有机物腐败和水体变质。在水产养殖业,水中溶氧量过低,鱼虾类运动量下降,摄食减少,抵抗力下降。但是溶氧量过高,可能导致鱼虾类得气泡病甚至氧气中毒,致使鱼虾大量死亡。在污水处理系统中,应用最广泛的活性污泥法就是利用细菌把悬浮性固体等沉降,而系统中溶解氧含量的高低是细菌存活的关键因素之一。此外,在诸如生物技术、药物开发、食品与饮料等生产工艺过程中,需要实时监控工艺过程中溶解氧的状况,确保溶解氧在最合适浓度范围,对溶解氧的监测和控制最终可确保反应效率和产品质量,降低成本并使产品合格率达到最高。氧气是一种氧化性的气体,在锅炉给水,尤其是大型锅炉给水中要严格控制溶解氧的含量,以防止在高温高压工况下设备管道发生氧化反应产生腐蚀。因此,在锅炉除氧工序后监测微滤溶解氧(ppb 级),以确保锅炉设备免受溶解氧腐蚀。

目前,溶解氧的测定方法种类繁多,主要有碘量法、电化学法、分光光度法和荧光分析法。其中,碘量法即 Winkler 法,是应用最早的测量溶氧量的国标法之一。其原理是利用硫酸锰在碱性条件下生成不稳定的氢氧化锰沉淀,氢氧化锰迅速与水中的溶解氧生成稳定的锰酸锰,然后锰酸锰与加入的浓硫酸及碘化钾反应,使单质碘析出。再用硫代硫酸钠标准液滴定碘,以此来计算水中的溶氧量。由此可知,碘量法虽然测量结果较为准确,但是程序烦琐,耗时长且只能离线分析。

电化学法(Clark 电极法)也称薄膜法,主要有电流法和极谱法两种方式。电流法是将阴阳两种电极浸没在电解液中作为测量池,当氧透过薄膜进入测量池后,被阴极还原成氢氧根离子。氧在还原过程中释放出的电子形成扩散电流,其大小与电解池中氧气的浓度成正比。这种方法可以在线测量,但是由于测量过程中氧被还原,即氧不断地被消耗,因此在测量时要不停地对样品进行搅拌。此外透氧膜易老化以及电极和电解液易受污染等问题使其测量精度和响应时间受到严重限制。极谱法是在两电极上加一个极化电压,氧分子在阴极被还原,产生的电流与氧浓度成正比。这种方法同样存在着透氧膜易破损、电解液易受污染和电极需定期再生等问题。

分光光度法是通过还原态的指示剂与氧分子发生氧化反应,根据其吸光度的变化来判断氧浓度的大小。例如,在食品包装工业中用于测定集装箱顶空气体的氧含量以防止食物腐败。分光光度法操作简便、成本低。

荧光分析法主要是利用氧对某些荧光物质的荧光有猝灭作用,根据荧光强度或者猝灭时间判定氧气浓度的大小。荧光法克服了碘量法不能在线测量的缺点。与电化学氧传感器相比,荧光法不消耗氧气,氧只需和含有荧光物质的氧敏感膜接触,即可通过荧光强度或荧光寿命的变化来判断水中溶解氧的含量。并且荧光法灵敏度高,检测限低,因此利用荧光法测量溶解氧含量已成为当前溶解氧在线分析器普遍使用的方法,本章内容也主要基于荧光法测量溶解氧在线分析仪。

6.1　DO 在线检测方法及原理

6.1.1　荧光法

(1) 荧光分子发光机理

当物质受到光的照射时,物质分子由于获得了光子的能量而从较低的能级跃迁到较高的能级,成为激发态分子。激发态分子是不稳定的,它需要通过去活化过程释放多余的能量返回到稳定的基态。去活化过程有两种方式,一种过程为非辐射跃迁,多余的能量最终转化成热能释放出来;另一种过程是激发态分子通过辐射跃迁回到基态,多余的能量以发射光子的形式释放,即表现为荧光或磷光。斯托克斯位移、荧光寿命和荧光量子产率是荧光物质三个重要的发光参数。斯托克斯位移受荧光分子结构和溶剂效应等因素影响。一般来讲,大的斯托克斯位移有利于发射出强的荧光信号。荧光寿命是指切断激发光源后,分子的荧光强度衰减到原强度的 $1/e$ 时所经历的时间。荧光寿命是荧光分子本身所具有的属性,不易受外界因素干扰。荧光量子产率为荧光分子所发射的荧光光子数与所吸收的激发光光子数的比值。一般荧光分子的量子产率与荧光物质的结构或者所处的环境有关。

(2) 荧光猝灭效应

荧光猝灭效应是指猝灭剂与荧光物质作用使荧光分子的荧光强度下降的现象。现发现的猝灭剂主要有卤素化合物、硝基化合物、重金属离子以及氧分子等。其中氧是非常重要的一类猝灭剂,氧对荧光物质的猝灭过程被证明是动态猝灭过程,其原理是氧在扩散过程中,与处于激发态的荧光物质发生碰撞,激发态的荧光物质将能量转移给氧后回到基态,从而造成荧光强度下降。但是,碰撞后两者立即分开,荧光分子并没有发生化学变化,因此氧对荧光分子的猝灭是可逆的。这种动态猝灭过程可用 Stern-Volmer 方程来描述:

$$\frac{I_0}{I} = \frac{\tau_0}{\tau} = 1 + K_{SV}[O_2] \tag{6.1}$$

式中　I_0 和 I——分别为无氧和有氧时的荧光强度;

　　　τ_0 和 τ——分别为无氧和有氧时的荧光寿命;

　　　K_{SV}——猝灭剂的猝灭常数;

　　　$[O_2]$——溶解氧浓度。

由式(6.1)可知,通过测量荧光强度或者荧光寿命,就可以计算出溶解氧的浓度。荧光寿命是荧光物质的固有属性,不易受外界干扰,但其测量较为复杂,因此常通过测量荧光强度来检测溶解氧的含量。

(3)荧光法溶解氧分析仪的特点

①无须标定:荧光法设计,所以不需要进行标定。

②测量结果稳定:测量过程中不会消耗任何物质,也不会消耗水中的溶解氧。

③减少清洗频率:传统膜法需要经常清洗,否则会严重影响氧气的透过从而影响测量,荧光法对探头的清洁要求不高,定期擦下荧光帽即可。

④维护量低:每两年只需更换一个荧光帽。

⑤无干扰:pH 的变化、污水中含有的化学物质、H_2S、重金属等不会对测量造成干扰。

⑥响应时间快:荧光法溶解氧在与水接触的同时即可响应,其时间非常短。

⑦无须极化时间:因为不使用电极,所以不存在极化的问题。

6.1.2 电极法溶解氧

电极法的溶解氧分析仪中有极谱法(膜法)和原电池法。

(1)原电池法

原电池法一般由贵金属,如铂、金或银构成阴极,由铅构成阳极。当外界氧分子透过薄膜进入电极内到达阴极时,产生如下反应:

阴极:$O_2 + 2H_2O + 4e^- \longrightarrow 4OH^-$

阳极:$2Pb + 6OH^- - 4e^- \longrightarrow 2HPbO_2^- + 2H_2O$

即氧在阴极被还原为氢氧根离子,同时获得电子;阳极与碱性溶液反应生成铅酸氢根离子,同时失去电子。传感器结构及原理图如图6.1所示。

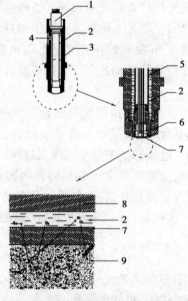

图 6.1 溶解氧传感器结构

1—电极主体;2—电解液;3—电极外壳;4—填充孔;

5—阳极;6—氧膜帽;7—渗氧膜;8—阴极;9—样水

在阴极消耗氧气,在阳极释放电子,电极产生的扩散电流为:

$$I_s = nFAC_s \frac{P_m}{L}$$

(6.2)

式中　I_s——稳定状态下扩散电流;

　　　n——与电极反应有关的电子数;

　　　F——法拉第常数;

　　　A——阴极的表面积;

　　　L——膜厚度;

　　　C_s——被测水中溶解氧的浓度;

　　　P_m——膜的透过系数。

该种测量方法需要消耗被测溶液中的溶解氧,为保证测量的精度和准确性,必须不断有溶液流过传感器,同时对流速也有一定的要求。阳极在测量过程中会发生电化学反应并造成电极表面形成金属氧化物,这层金属氧化物会随反应的进行而逐渐积聚从而影响阳极的性能,即常说的电极响应迟钝。当阳极在使用过程中产生迟钝现象后,就需要对电极进行活化处理,即采用对电极重新打磨抛光的方式使阳极表面露出新的活性表面,以保证检测过程灵敏的响应速度。

原电池法的溶解氧传感器即使不使用时也会由于大气中氧的浸入而有电流流过,从而导致传感器的使用寿命降低。

隔膜的透气性与抗污染能力亦会对溶解氧的测量产生影响。随着温度的升高膜的透过系数(P_m)按指数规律增加,扩散电流(I_s)将随之成比例增加,直接影响溶解氧的测量结果,因此,仪器电路中多有热敏电阻温度补偿环节。对溶解氧探头隔膜的维护情况也会对测量结果有一定影响。原电池法溶解氧探头适用于较干净的水体,且水中溶解氧的浓度不宜太低。

原电池法溶解氧传感器也有一种属于无膜型结构,抗污染能力很强的无膜传感器(Zullig型)。阴极由铁汞合金制成,阳极由铁或锌制成。电极制成圆柱状,与旋转的磨石刮刀安装在一根同心轴上,磨石和刮刀切面匀速划过线带状的电极表面以去除结垢物和氧化物,使电极表面上各部分都能与工作介质保持一致的接触面积。此外,传感器的颈部还同轴装有一个杯型附件,它能沿轴做上下振动,不断将被测溶液泵入测量腔室。由于氧分子无须通过隔膜进行渗透扩散,因此响应速度要比有膜型溶氧传感器快得多。又由于设计有机械式自动清理机构,因此传感器具有很强的抗污染能力,甚至可以在具有油脂的污水中工作,且维护工作量较小,校准周期也较长。但这种探头结构较复杂,价格也较高。

(2)极谱法

极谱法溶解氧电极的结构与原电池法的基本类似,不同的是在阴极和阳极间外加了一个恒定的偏置电压(一般为0.5~0.8 V),使阴极和阳极之间产生一个极化电流,这个电流与溶解氧的浓度成正比。

极谱法溶解氧传感器可以通过选择不同的隔膜材质及其厚度,以适用不同的介质和高温、高压等特殊工况,甚至可以选择耐油的隔膜用于液态烃中微量溶解氧的监测。随着电极技术的发展,极谱法溶解氧从两电极的结构基础上开发出了三电极的结构,采用一个阴极和两个阳极,其中多出的阳作为检测系统中的参考电极,参比电极的存在大大提高了测量系统的稳定性。此外,极谱法溶解氧电极普遍采用先进的表面封装技术将前置放大器封装在溶解氧探头内,使电极感测信号经放大后以低阻抗输出,或采用数字存储技术,将电极的参数存储在传感器头部的芯片内,采用非接触的感应式信号方式从而实现了远距离传输不受干扰,传输距离可达 100 m 以上。

6.2 DO 在线仪表性能指标

参考 HJ/T 99—2003《溶解氧(DO)水质自动分析仪技术要求》溶解氧分析仪性能指标见表 6.1,性能要求如下:

性能要求:

- 测量原理:极谱式和电池法,EPA 推荐的荧光法;
- 量程范围:0 ~ 20 mg/L;
- 准确度:±0.5 mg/L;
- 温度补偿范围:0 ~ 50 ℃;
- 系统具有设定、校对、断电保护、来电恢复、故障报警功能,以及时间、参数显示功能,包括年、月、日和时、分以及测量值等。

表 6.1 溶解氧分析仪性能指标

项 目	性 能
重复性误差	±0.3 mg/L
零点漂移	±0.3 mg/L
量程漂移	±0.3 mg/L
响应时间(T_{90})	2 min 以内
温度补偿精度	±0.3 mg/L
MTBF	≥720 h/次
实际水样比对试验	±0.3 mg/L
电压稳定性	指示值的变动在 ±0.3 mg/L 以内
绝缘阻抗	5 MΩ 以上

6.3 荧光法 DO 在线仪表结构

荧光法溶解氧在线分析仪的结构为探头式,主要包含探头本体、内部 LED 灯、光电二极管及外部传感器帽(含荧光物质),其结构示意如图 6.2 所示。

荧光法溶解氧在线分析仪的测量过程为:传感器帽内部覆盖一层荧光物质,当传感器的 LED 灯发出一束蓝色光照射在荧光物质上时,荧光物质立即被这束蓝光激发,当被激发的物质恢复到原状时,会发射出红光,此红光被传感器中的光电二极管检测到,传感器同时测量荧光物质从被蓝光激发到发射红光后恢复到原来状态的时间;传感器上还安装有一个红光 LED 光源,在蓝光 LED 光源的两次发射之间,红光 LED 光源会向传感器发射一束红色光,这个红色 LED 光被作为一个内部标准(或者参比光),与传感器产生的红色荧光进行比对。

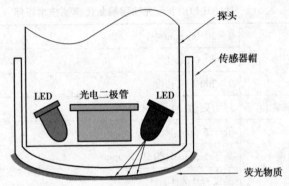

图 6.2　DO 在线仪表探头结构示意图

荧光法溶解氧探头内的光电二极管测量的不是红颜色光的强度,而是测量激发产生红颜色光直到该颜色光消失的时间,即荧光的释放时间。在有氧气存在的情况下,当氧气与荧光物质接触后,其产生红光的强度会降低,同时其产生红光的时间也会缩短,氧气的浓度越高,传感器产生红光的强度就会越低,且产生红色荧光的时间也会越短,如图 6.3 所示。

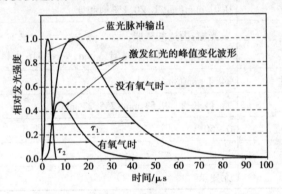

图 6.3　荧光法波图

荧光法溶解氧传感器的外形如图 6.4 所示,它包括电子部分、光学部分以及传感器部分。其中光学部分是 LED 光源,由蓝光和红光发射光源组成;传感器部分表面有荧光物质,水中氧气就是与这部分直接接触。

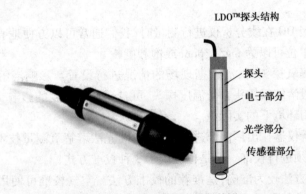

图 6.4　荧光法溶解氧传感器外形

HACH LDO Ⅱ 荧光法溶解氧传感器的技术性能参数见表 6.2。

表 6.2　HACH LDO Ⅱ 荧光法溶解氧传感器技术指标

测量范围	0 ~ 20.00 ppm
	0 ~ 20.0 mg/L
	0 ~ 200% 饱和度
传感器浸入深度	压力限值:34 m,345 kPa
测量精度	低于 5 ppm 时为±0.1 ppm
	高于 5 ppm 时为±0.2 ppm
	温度:±0.2 ℃
传输距离	使用接线盒最长可达 1 000 m
响应时间	20 ℃时:60 s 左右以内达到95%
	20 ℃时:40 s 左右以内达到90%
电缆长度	10 m
分辨率	0.01 ppm(mg/L)/0.1% 饱和度
接液材质	荧光帽:丙烯酸树脂; 探头本体:CPVC,聚氨酯,Viton,Noryl,316 不锈钢
重现性	±0.1 ppm(mg/L)
尺寸	直径×长度:49.53 mm×255.27 mm
工作温度	0 ~ 50 ℃
质量	1 kg
流速	无要求

6.4　DO 在线仪表的校准

实际工作中使用 DO 在线分析仪进行测量时,我们通常可以方便地直接读出仪器显示的 DO 值,显示的测量单位可以为 mg/L,ppm 或饱和度% 。

在首次使用溶解氧探头时,需根据现场的情况进行设置。影响溶解氧的因素主要有温度、压力及盐度,一般溶解氧探头自带温度探头,可自动补偿温度的影响,对于压力和盐度,使用者需输入当前使用环境下的实际值。

溶解法在线分析仪器在出厂前都进行过校准,荧光法溶解氧测量技术具有高精确度和稳定性,传感器一般无须进行校准。但是也提供了 3 种校准方式:

①空气校准:此方法较为准确,是推荐的校准方法。空气校准可使用溶解氧分析仪厂家提供的校准包,在校准包内装入一定量的水,将探头放入校准包,但不与水直接接触,同时将校准包和传感器之间密封牢固。等待一段时间后,传感器即可完成空气校准。空气校准过程

示意如图6.5所示。

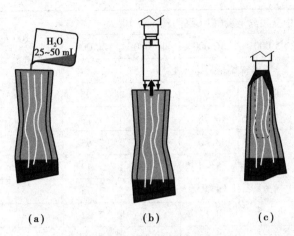

（a） （b） （c）

图6.5 空气校准过程

②零点校准:将清洗好的溶解氧电极浸入零点校准液中,约5%的亚硫酸钠溶液,配置方法参考 HJ/T 99—2003《溶解氧(DO)水质自动分析仪技术要求》,将示值调整为零点。

③量程校正:将清洗好的溶解氧电极浸入量程校正液,配置方法参考 HJ/T 99—2003《溶解氧(DO)水质自动分析仪技术要求》,待显示值稳定后,将校正液对应温度下饱和溶解氧浓度值调整为显示值。水中饱和溶解氧浓度见表6.3。

表6.3 水中饱和溶解氧浓度

温度/℃	水中盐类离子量(以 Cl 计)/(mg·L^{-1})					100 mg·L^{-1} 盐离子的溶解氧量校正值/(mg·L^{-1})
	0	5 000	10 000	15 000	20 000	
	溶解氧量/(mg·L^{-1})					
0	14.16	13.40	12.63	11.87	11.10	0.015 3
1	13.77	13.03	12.29	11.55	10.80	0.014 8
2	13.40	12.68	11.97	11.25	10.52	0.014 4
3	13.04	12.35	11.65	10.95	10.25	0.014 0
4	12.70	12.03	11.35	10.67	9.99	0.013 5
5	12.37	11.72	11.06	10.40	9.74	0.013 1
6	12.06	11.42	10.79	10.15	9.51	0.012 8
7	11.75	11.15	10.52	9.90	9.28	0.012 4
8	11.47	10.87	10.27	9.67	9.06	0.012 0
9	11.19	10.61	10.03	9.44	8.85	0.011 7
10	10.92	10.36	9.79	9.23	8.66	0.011 3
11	10.67	10.12	9.57	9.02	8.47	0.011 0
12	10.43	9.90	9.36	8.82	8.29	0.010 7
13	10.20	9.68	9.16	8.64	8.11	0.010 4

续表

温度/℃	水中盐类离子量(以 Cl 计)/(mg·L⁻¹)					100 mg·L⁻¹ 盐离子的溶解氧量校正值/(mg·L⁻¹)
	0	5 000	10 000	15 000	20 000	
	溶解氧量/(mg·L⁻¹)					
14	9.97	9.47	8.97	8.46	7.95	0.010 1
15	9.76	9.27	8.78	8.29	7.79	0.009 9
16	9.56	9.06	8.60	8.12	7.63	0.009 6
17	9.37	8.90	8.44	7.97	7.49	0.009 4
18	9.18	8.73	8.27	7.82	7.36	0.009 1
19	9.01	8.57	8.12	7.67	7.22	0.008 9
20	8.84	8.41	7.97	7.54	7.10	0.008 7
21	8.68	8.26	7.83	7.40	6.97	0.008 6
22	8.53	8.11	7.70	7.26	6.85	0.008 4
23	8.39	7.98	7.57	7.16	6.74	0.008 2
24	8.25	7.85	7.44	7.04	6.65	0.008 1
25	8.11	7.72	7.32	6.95	6.52	0.007 9
26	7.99	7.60	7.21	6.82	6.42	0.007 8
27	7.87	7.48	7.10	6.71	6.32	0.007 7
28	7.75	7.37	6.99	6.61	6.22	0.007 6
29	7.64	7.26	6.88	6.51	6.12	0.007 6
30	7.53	7.16	6.78	6.41	6.03	0.007 5
31	7.43	7.06	6.66	6.31	5.93	0.007 5
32	7.32	6.96	6.59	6.21	5.84	0.007 4
33	7.23	6.86	6.49	6.12	5.75	0.007 4
34	7.13	6.77	6.40	6.03	5.65	0.007 4
35	7.04	6.67	6.30	5.93	5.56	0.007 4

6.5 溶解氧在线分析仪的维护

对于电化学法溶解氧分析仪,其测量原理及电极结构决定了其使用期间的维护要求及需要注意的事项。

溶解氧在线分析仪的维护事项:

①定期的清洗电极,尤其是水质较差的环境下,清洗频率要增加,或选用带自动清洗功能

的仪器。清洗电极注意不要划伤电极隔膜。

②定期校准仪器。

③定期更换电极电解液、电极隔膜及溶解氧电极。

溶解氧在线分析仪的使用注意事项：

①某些气体和蒸汽,如氯、溴、碘、二氧化硫、硫化氢、胺、氨、二氧化碳等能扩散透过隔膜,若所测样品中含有上述物质,会改变电解液的 pH 值,影响被测电流而产生一定的干扰。

②水样中若含有溶剂、油类、硫化物、碳酸盐和藻类会引起隔膜阻塞而污染电解液和电极。

③电解液在测量过程中是不断消耗的,仪器的灵敏度会随电解液的不断消耗而逐渐衰变,所以对传感器要经常进行校准。

④应保证测量回路中的水样流速,以保证隔膜扩散原理的要求,确保测量值的准确性。

荧光法溶解氧在线分析仪为探头式结构,无须使用化学试剂,日常维护工作主要是清洗探头表面黏附的杂质,可用湿的软布进行擦拭。避免将传感器放在阳光下,如暴露时间超过 1 小时,传感器帽上的荧光物质可能失效,产生错误的测量读数。

6.6　微量溶解氧

与常量溶解氧分析仪测 ppm 级的溶解氧含量不同,微量溶解氧分析仪测定的是 ppb 级的溶解氧含量。微量溶解氧的测量原理基本上与常量溶解氧的原理类似,目前常用的是克拉克测量原理的溶解氧传感器,其技术应用相对较成熟,缺点是电极维护工作较多,较烦琐,如定期更换膜、更换电解液、再生电极等。荧光法光学式微量溶解氧分析仪技术相对较新,主要特点同常量荧光法溶解氧分析仪,解决了电化学溶解氧分析仪的繁多的维护工作,但价格相对较高,以瑞士 Orbisphere 的光学微量溶解氧分析仪技术最为成熟,应用最广泛。

微量溶解氧的主要应用是电厂。微量溶解氧是电厂水循环监测中的一项重要化学指标。锅炉给水处理无论采用哪种方法都需要在处理过程中对溶解氧浓度进行严格控制。不同化学给水处理方法均是通过控制锅炉给水中溶解氧的浓度来抑制或降低溶解氧造成的锅炉系统中的管道和设备的腐蚀、结垢。对于给水中的氧浓度,一般均控制在 ppb 级,不同压力等级的锅炉和给水处理方法对溶解氧的要求有所不同,控制溶解氧的位点主要有除氧器的进/出口、凝结水泵出口、炉水。

此外,在核电厂无论是核岛还是常规岛系统,微量溶解氧的应用也相对较广泛。常规岛系统类似于火力发电厂,而核岛系统中,反应堆冷却系统、废气系统、壳内、定子冷却、二回路中均有微量溶解氧的应用。

高纯水的溶解氧监测是微量溶解氧的一项比较重要的应用,在线微量溶解氧多数采用技术成熟的克拉克传感器,测量浓度的下限一般可以达到 1 ppb 的水平,由于所测介质为高纯水样,易受环境气氛的影响,故在工业装置中均采用在线监测的方式。检测系统一般由微量溶解氧探头、特殊设计的流通池及变送器组成。探头与变送器的连接采用专用电缆,保证测量的可靠性,电缆长度一端不超过 10 m。微量溶解氧探头如图 6.6 所示。

图 6.6　微量溶解氧探头

在石化产品的加工过程中,由于工艺上的特殊要求,需要对轻烃中溶解氧进行检测,以保证生产加工过程的正常运行。如碳四加工中对原料的溶解氧的检测,芳烃抽提过程中对原混合芳烃中微量溶解氧的控制。对这些特殊工况条件下溶解氧的检测,溶解氧的探头需要选择特殊材质的透氧隔膜且探头本体材料要选择耐有机液体腐蚀。同时在测量过程中,还需要通过特殊设计的管线配置引入除去氧的氮气对探头的零点进行校正。此测量方法可以参考美国材料实验协会的标准 ASTM UOP678 或 ASTMD 2699。在上述两个测量方法中,指定采用 HACH 公司的 311XX 溶解氧探头和 3600 型转换器,其中 311XX 溶解氧探头具有良好的轻烃耐受能力及对微量溶解氧有非常灵敏的响应。

另外,在啤酒行业测量过滤器出口、脱氧水生产等均有在线微量溶解氧的应用。

第 **7** 章
余氯分析仪

7.1 概 述

7.1.1 加氯消毒原理及其影响因素

在自来水厂和污水处理厂的出水阶段,广泛采用加氯消毒工艺,以杀灭水中的细菌和病毒。在工业循环冷却水的处理中,也采用加氯杀菌除藻工艺,因为冷却水在循环过程中,由于部分水蒸发,水中的营养物质被浓缩了,细菌等微生物会大量繁殖,易于形成黏泥污垢,过多的黏泥污垢会导致管道堵塞和腐蚀。

加氯消毒是指向水中通入氯气杀死细菌等微生物的消毒方法,氯气通常由瓶装液氯提供。氯气通入水中后,极易溶于水,并与水发生反应生成次氯酸和盐酸,反应式如下:

$$Cl_2+H_2O \Longrightarrow HClO+H^++Cl^- \tag{7.1}$$

生成的次氯酸是弱酸,在水中发生离解生成氢离子和次氯酸根:

$$HClO \Longrightarrow H^++ClO^- \tag{7.2}$$

氯的消毒作用是通过生成的次氯酸产生的。HClO(也可写成 HOCl)是不带电的中性分子,分子量很小,可以扩散到带负电荷的细菌表面,并穿过细菌的细胞壁进入细菌体内,然后由 Cl 原子的氧化作用破坏细菌的酶系统而导致细菌死亡。而 ClO⁻虽然也包含一个氯原子,但由于它带有负电荷而不易靠近带负电荷的细菌。因此 ClO⁻虽有氧化能力,但难以起到消毒作用。

影响氯消毒效果的因素主要有 pH 值和温度。

pH 值是影响消毒效果的一个重要因素。当水的 pH 值较高时,式(7.2)中的化学平衡会向右侧移动,使水中的 HClO 浓度降低,从而消毒效果降低。pH 值越低,消毒效果越好。实际运行中,一般应控制 pH<7.5,以保证消毒效果。否则,应加酸使 pH 值降低。

水的 pH 值直接控制着次氯酸的电离度。低 pH 值对于次氯酸的存在有利。在 pH=5.0 时,次氯酸的电离度很小,故杀生效果好;在 pH=7.5 时,水中次氯酸(HClO)的浓度和次氯酸根(ClO⁻)的浓度几乎相等;在 pH≥9.5 时,次氯酸几乎全部电离为次氯酸根离子,故杀生效果差(图 7.1)。一般地说,以氯为主的微生物控制方案的 pH 值范围以 6.5~7.5 为最佳。pH<6.5 时,虽能提高氯的杀生效果,但水系统中金属的腐蚀速度将增加。

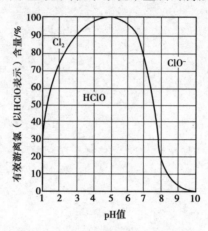

图 7.1　pH 值对水中游离氯的影响

温度对消毒效果的影响也很大。温度越高,消毒效果越好,反之越差。其原因是温度升高能促使 HClO 向细胞内扩散。另外式(7.2)的离解平衡常数 K 值随温度的升高而减小,有利于化学平衡向左移动,使 HClO 浓度增大,有利于消毒。

7.1.2　水中氯的主要存在形式

氯气在水中生成 HClO 和 ClO⁻,水中单质氯、HClO 和 ClO⁻ 之和称为游离氯。其中,HClO 对细菌等微生物有很强的杀灭作用,是游离氯中的有效杀毒成分,所以也将 HClO 称为有效游离氯。

在游离氯起消毒作用之前,由于水中溶有铵离子、有机物等各种杂质,这些杂质会首先与游离氯反应,耗去一部分游离氯。例如,游离氯会迅速与溶液中的铵离子形成单氯胺和二氯胺。在较长一段时间里,游离氯还会与有机化合物(例如蛋白质和氨基酸)起反应,形成各种有机氯化合物。氯胺和有机氯化合物一起称为化合氯。

化合氯加上游离氯就是溶液中的总氯量,称为总氯。请注意,只有游离氯才是有效的消毒剂,化合氯几乎没有杀毒能力。只有满足上述耗氯需要后,才会有多余的游离氯来杀灭细菌。

加氯消毒时加入的氯量称为加氯量,加氯量应包括需氯量和余氯量两部分。需氯量是指用于杀死细菌及氧化有机物和还原性物质所需要的氯量。余氯量是指为抑制水中残余细菌再度繁殖而余留在水中的氯量,称为余氯或残余氯。有人把游离氯称为余氯,这是不确切的,杀灭细菌后剩余的游离氯才是余氯。为维持杀灭细菌的效果,出水中始终要保持余氯量在 0.5~1 mg/L,在供水管网末端也要保持 0.05~0.1 mg/L 的余氯。

7.1.3　游离氯、总氯、余氯分析仪

测量水中游离氯含量的仪器称为游离氯分析仪,测量水中游离氯和化合氯含量之和的仪器称为总氯分析仪,它们多用于加氯消毒工艺中,监视加氯反应进行深度和加氯量的控制。测量出水中剩余游离氯含量的仪器称为余氯分析仪,游离氯分析仪和余氯分析仪实际上是一

种仪器,只是因使用场合和作用不同,赋予不同的名称而已。

在线余氯分析仪主要的应用场合如下:

①自来水厂出厂水中以及加氯消毒工艺中余氯含量监测以实现自动化加氯。

②污水处理厂出水中余氯含量监测。

③循环冷却水中余氯含量监测。

④在膜过滤单元或离子交换树脂前监测余氯含量以评估脱氯效果。

当采用经过消毒的自来水作为锅炉给水进行脱盐处理时,必须除去自来水中的余氯。因为余氯的存在会破坏离子交换树脂的结构,使其强度变差,容易破碎。特别是在靠近自来水厂附近时,水中余氯量较高,更需注意脱氯。目前常用的除氯方法有活性炭脱氯法和添加化学药剂除氯法。

以前,在线余氯分析仪均为电化学式,传感器多采用隔膜电解池。随着技术的进步,模拟实验室分析方法的吸光度法(比色法)在线余氯分析仪也获得广泛应用。这两种不同测量原理的余氯分析仪的比较见表7.1。

表 7.1　吸光度法(比色法)和电化学法余氯分析仪的比较

吸光度法(比色法)	电化学法
采用 DPD 标准方法测量,基本无须校准	采用电极法测量,需要定期校准
采用标准缓冲溶液,不受 pH 值变化的影响	受 pH 影响,一般配置 pH 电极进行补偿
可测量游离性余氯及总氯	部分产品不能测量总氯
响应时间较慢	响应时间快
维护量小	维护量较大

根据这两种仪器的不同特点,推荐的应用场合如下:

①在自来水出厂水及管网水质监测中,使用吸光度法余氯分析仪,以保证数据的可靠性及较少的维护工作。

②在消毒间用于加氯控制时,使用电化学式余氯分析仪,以保证及时的反馈和控制。

③在水样水质条件复杂或 pH 变化大时,采用吸光度法余氯分析仪。

④在原水氨氮含量较高时用吸光度法余氯分析仪测量总氯。

7.2　电化学式余氯分析仪

7.2.1　电化学式余氯分析仪的构成和工作原理

电化学式余氯分析仪的传感器大多采用隔膜电解池。这种传感器由金制的测量电极和银制的反电极组成,电极浸入含有氯化物离子的电解质溶液中,电极和电解液由隔膜与被测介质隔离,然而允许气体扩散穿过,隔膜的作用是防止电解液流失及被测液体中的污染物渗透进来引起中毒。

测量时,电极之间加一个固定的极化电压,电极和电解液便构成了一个电解池。传感器

具有选择性,能在电极上起反应的是次氯酸(HClO),即有效游离氯。传感器上发生下列电极反应:

测量电极(金阴极):$HClO+2e^-\rightarrow OH^-+Cl^-$

反电极(银阳极):$2Ag+2Cl^-\rightarrow 2AgCl+2e^-$

连续不断的电荷迁移产生电流,电流强度与次氯酸浓度成正比。

E+H公司CCS140型余氯传感器探头的结构如图7.2所示。

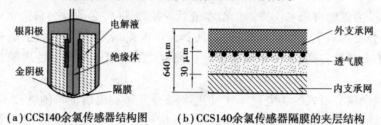

(a)CCS140余氯传感器结构图　　(b)CCS140余氯传感器隔膜的夹层结构

图7.2　E+H公司CCS140型余氯传感器探头

游离氯是HClO和ClO^-两者之和,上面的电极反应只能测得HClO(次氯酸),ClO^-(次氯酸根)却无法与电极发生反应而检测不到,根据式(7.2)$HClO\rightleftharpoons H^++ClO^-$,所以只需测出$H^+$的浓度就可以推算出$ClO^-$的浓度,$H^+$的浓度可以通过pH计来测出,所以测量游离氯的时候需要pH补偿。

考虑到余氯分析仪测量时需要一定的样品流速,测量结果还需要进行温度补偿和pH值校正,一般是将余氯传感器、铂电阻测温元件、pH电极和浮子流量计组装在一起,做成一个测量组件,图7.3是E+H公司CCA250测量组件及CCM253变送器组成的余氯测量系统图。

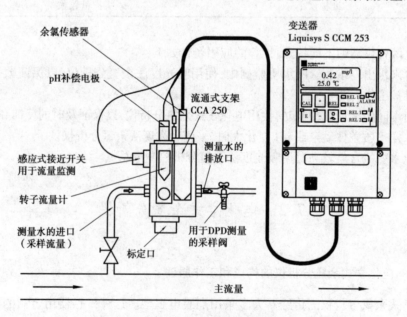

图7.3　E+H公司余氯测量系统图

7.2.2 电化学式余氯分析仪的主要性能指标

以 E+H 公司的余氯分析仪(采用 CCS140/141 传感器)为例,电化学式余氯分析仪的主要性能指标如下:

- 测量范围:CCS 140:0.05 ~ 20 mgCl$_2$/L;CCS 141:0.01 ~ 5 mgCl$_2$/L;
- 分辨率:CCS 140:0.01 mgCl$_2$/L;CCS 141:0.001 mgCl$_2$/L;
- 重复性误差:max. 0.2% FS;
- 响应时间:T_{90}<2 min;
- 温度补偿范围:2 ~ 45 ℃;
- pH 补偿范围:pH4 ~ 9;
- 被测水样:温度:<45 ℃;压力:<0.1 MPa;流量:30 ~ 120 L/h。

7.2.3 电化学式余氯分析仪的使用注意事项

电化学式余氯分析仪使用时的注意事项如下:

①由于受最低流速限制,隔膜传感器只能安装在流通式样品池中,而不能安装在明渠上直接测量。

②应保证通过样品池的流量>30 L/h(流速>0.3 cm/s),并注意被测水样的温度、压力和 pH 值不应超过仪表允许范围。

③被测水样中不应有能在传感器隔膜上形成沉积物的任何悬浮固体,否则应采取过滤措施。

④定期补充电解液和对传感器进行校准。可以用标准液进行校准,零点标准液须经活性炭过滤器除氯,量程标准液可按仪表使用说明书配制,也可以用与实验室分析比对的方法进行校准。

7.3 吸光度法(比色法)余氯/总氯分析仪

实验室测量余氯的标准方法有以下两种:

①化学分析方法:DPD(N,N-二乙基-1,4-苯二胺)滴定法(HJ 585—2010)。

②仪器分析方法:DPD 分光光度法(HJ 586—2010)。

吸光度法余氯分析仪是上述实验室仪器分析方法的在线化,哈希公司(HACH)的 CL17 型在线余氯/总氯分析仪就是其中的一种。其外观和流路图分别如图 7.4 和图 7.5 所示。

这里需要说明,余氯/总氯实验室仪器分析标准方法称为"分光光度法",也称"吸光度法"。在线分析仪器一般采用窄带干涉滤光片选择波长,而不采用分光系统,因此称为"吸光度法"比较合适。

我国自来水厂和水处理行业工厂用户习惯上称其为"比色法",这种称呼来源于以前实验室分析使用的光电比色法,尽管并不科学,但已成为习惯沿用。本书考虑到上述情况,不强求统一,使用"分光光度法"或"吸光度法"之处均有,为了照顾习惯,也使用"比色法"一词。其他地方还有类似情况,不再一一说明。

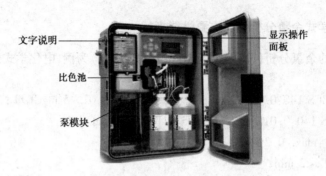

图 7.4　哈希 CL17 型余氯/总氯分析仪外观图

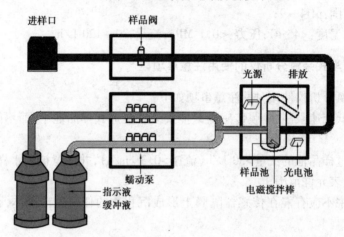

图 7.5　CL17 余氯/总氯分析仪流路图

7.3.1　CL17 型余氯/总氯分析仪测量原理

CL17 采用 DPD 分光光度法检测工业用水或废水中余氯及总氯的含量,其测量原理是:

①余氯(次氯酸和次氯酸根):在 pH 值 6.3～6.6 时,被测水样中的余氯会将 DPD 指示剂氧化成紫红色化合物,显色的深浅与样品中余氯含量成正比。此时采用针对余氯测量的缓冲溶液,其作用是维持反应在适当的 pH 值下进行。

②总氯(余氯与氯胺之和):通过在反应中投加碘化钾来测定,样品中的氯胺将碘化钾氧化成碘,并与余氯共同将 DPD 指示剂氧化,氧化物在 pH 值为 5.1 时呈紫红色。此时采用含碘化钾的缓冲液来维持反应的 pH 值并提供反应所需的碘化钾。

③上述化学反应完成后,在 510 nm 的波长光线照射下,测量样品的吸光度,再与未加任何试剂的样品的吸光度比较,由此可计算出样品中的氯浓度。

该分析仪每隔 2.5 min 从样品中采集一部分进行分析。所采集的部分引入样品池中,进行空白吸光度测量。样品空白吸光度测量时可以对任何干扰或样品原色进行补偿,并提供一个自动零参考点。试剂在该参考点处加入并逐渐呈现紫红色,随即仪器会对其进行测量并与零参考点进行比较。

在 2.5 min 的采样周期中,线性蠕动泵的阀组件将控制样品进样流量和缓冲液及指示剂的计量注入体积。泵的阀组件使用马达驱动的凸轮来带动一组夹紧滚轮,这组滚轮通过滚压靠在固定板上特殊的厚壁导管来输送液体。操作过程如下：

①打开进样管线,样品在负压下涌入进样管和样品池。

②关闭进样管线,样品池中留下新鲜样品,样品池的有效体积由溢流堰来控制。

③当进样管线关闭时,试剂管线打开,可使缓冲液和指示剂注满泵中阀组件的管道。

④对未处理的样品进行测量,以确定试剂加入前的平均基准值。

⑤打开试剂出口阀,可使缓冲液和指示剂流出后相互混合,并进入样品池中再与样品混合。

⑥在显色过程终止后,对处理过的样品进行测量以确定余氯含量。

7.3.2　CL17 型余氯/总氯分析仪主要技术指标与样品处理

CL17 型余氯/总氯分析仪的主要技术指标如下：

- 测量范围:0～5 mg/L;
- 检测下限:0.035 mg/L;
- 测量精度:±5% FS 或±0.05 mg/L;
- 测量周期:2.5 min;
- 试剂:连续使用 1 个月。

应选择具有代表性位置采样,如果采样点太靠近加药位置,或混合不充分、化学反应未充分进行的位置,显示的读数将会不稳定。安装采样管线抽头时,应选择在管径相对大的水样流动管道的侧面或中心部位,以防止吸入管道底部的沉积物和顶部的空气。采样位置如图 7.6 所示。

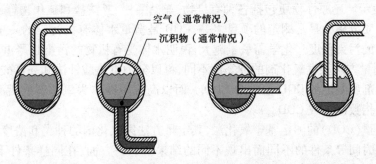

(a)采样位置错误　(b)采样位置错误　　(c)采样位置较好　　(d)采样位置最佳

图 7.6　CL17 型余氯/总氯分析仪采样位置图

所有样品都要流经分析仪配套的样品预处理装置,该装置中 40 目的滤网可以去除大的颗粒物。原水进口管线上的球阀用于控制分流到过滤器中的流量。对于污水,采用高的旁通流量有助于长时间保持滤网的洁净,或者调整适当旁流开度以保证旁流不间断。在分析仪进口处,进样压力如果超过 5 psig(0.035 MPa)会导致水样喷溢出来并损坏仪器,加装样品压力调节装置可防止出现该问题。

第**8**章
水中有机污染物在线分析仪

8.1 COD 在线分析仪

8.1.1 COD 定义及国标方法

化学需氧量(chemical oxygen demand,简称 COD)能够很好反映水体中有机物的多少,又称化学耗氧量。COD 是指在一定条件下,使用氧化剂氧化水中的还原性物质所消耗的氧的量,以 mg/L 表示。还原性物质包括各种有机物、亚硝酸盐、亚铁盐和硫化物等,最主要的是有机物。作为水质分析中最常测定的项目之一,COD 是衡量水体有机污染的一项重要指标,能够反应出水体的污染程度。化学需氧量越大,说明水体受有机物的污染越严重。

COD 的测量方法根据氧化剂的种类的不同,可以分为重铬酸钾法和高锰酸钾法。以重铬酸钾作为氧化剂所测定的 COD 值称为 COD_{Cr},而以高锰酸钾作为氧化剂的所测定的 COD 值称为高锰酸盐指数(I_{Mn} 或 COD_{Mn})。

化学需氧量(COD)的测定基于氧化法,其定量方法因氧化剂的种类和浓度、氧化酸度、反应温度及反应时间等条件的不同而出现不同的结果。另一方面,在同样条件下,也会因水体中还原性物质的种类和浓度不同而呈现不同的氧化程度。COD 的测定方法主要以氧化剂的类型来分类,目前应用最普遍的是重铬酸钾法和高锰酸钾法两种,这两种方法从建立至今已有一百多年的历史,20 世纪 80 年代开始,重铬酸钾法成为水环境监测的主要指标,一般称为铬法 COD_{Cr},该方法氧化率高,适用于测定水样中有机物的总量,多用于工业废水及市政污水排放的 COD 监测。高锰酸钾法另成一分支,称为高锰酸盐指数。该方法适用于饮用水、水源水和地表水的 COD 测定。高锰酸盐指数细分下来又有酸性和碱性两种,在氯离子含量较少时,使用前者;在氯离子含量较高(如海水、盐湖水等)时,使用后者。

COD 测定的标准方法《水质 化学需氧量的测定 重铬酸钾法》(HJ 828—2017)是一种加热-回流滴定法,即在水样中加入已知量的重铬酸钾溶液,并在强酸介质下以银盐作催化剂,经沸腾回流后,以试亚铁灵为指示剂,用硫酸亚铁铵滴定水样中未被还原的重铬酸钾,由消耗的硫酸亚铁铵的量换算成消耗氧的质量浓度。

国家环境保护总局在回流滴定法的基础上,颁布了环保行业标准《水质 化学需氧量的测

定 快速消解分光光度法》(HJ/T 399—2007),该标准中,加入已知量的重铬酸钾溶液,在强硫酸介质中,以硫酸银作为催化剂,经高温消解后,用分光光度法测定 COD 值。当试样中 COD 值为 100 ~ 1 000 mg/L,在 600 nm±20 nm 波长处测定重铬酸钾被还原产生的三价铬(Cr^{3+})的吸光度,试样中 COD 值与三价铬(Cr^{3+})的吸光度的增加值成正比例关系,将三价铬(Cr^{3+})的吸光度换算成试样的 COD 值。当试样中 COD 值为 15 ~ 250 mg/L,在 440 nm±20 nm 波长处测定重铬酸钾未被还原的六价铬(Cr^{6+})和被还原产生的三价铬(Cr^{3+})的两种铬离子的总吸光度;试样中 COD 值与六价铬(Cr^{6+})的吸光度减少值成正比,与三价铬(Cr^{3+})的吸光度增加值成正比例,与总吸光度减少值成正比,将总吸光度值换算成试样的 COD 值。

需要注意的是:被测水样中还原性物质的不同,以及测定方法的不同,COD 的测定值也有所不同。我国目前还没有 COD 仪器分析的国家标准,因此仪器分析的结果需要用化学分析法来比对。

8.1.2　比色法原理(COD_{Cr} 分析仪)

比色法,即分光光度法,在强酸性溶液中,以重铬酸钾作为氧化剂,在催化剂作用下,于一定温度加热消解水样,使水样中的还原性物质被氧化剂氧化,而重铬酸钾中的铬离子由六价被还原为三价,在一定波长下,用分光光度计测定三价铬或六价铬的含量,换算至消耗氧的质量浓度。主要的化学反应式如下:

$$Cr_2O_7^{2-} + 14H^+ \rightarrow 2Cr^{3+} + 7H_2O \tag{8.1}$$

为了达到快速测定 COD 的目的,一般的快速 COD 测定仪会改变反应条件,如提高酸度、加入复合催化剂、提高氧化剂重铬酸钾的浓度、提高反应温度等来缩短消解时间,由原来国标法的 2 h,缩短至 30 min,甚至更短的时间。

(1)在线 COD 分析仪结构介绍

典型的重铬酸钾-比色法 COD 在线分析仪主要结构如图 8.1 所示,主要由两部分组成:电气单元、分析单元。电气单元与分析单元完全分开,防止分析单元的药剂等物质腐蚀电气单元的元件。分析单元内有强酸和剧毒液体,并且在测量过程中,会产生高温、高压环境,可能会危及对人身安全。所以从安全考虑,设计安装安全面板非常重要。当仪器进行测量时,安全面板无法打开,只有在仪器处于初始状态(消解池清空、常温、常压)时才可以开启面板。

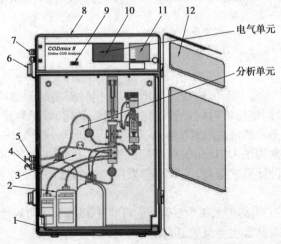

图 8.1　重铬酸钾-比色法 COD 在线分析仪

1—托盘;2—试剂;3—安全面板;4—废液排放管;5—进样管;6—电源线;7—屏蔽电缆口;
8—仪器外壳;9—RS-232 接口;10—显示屏;11—键盘;12—仪器门

分析单元测定流程如图8.2所示。

图8.2　在线COD分析仪测定流程

美国哈希(HACH)公司的CODmaxⅡ在线COD分析仪基于国家标准HJ 828—2017规定的重铬酸钾-比色法,由于其出色的准确性,已广泛用于工业和市政行业,其分析单元结构如图8.3。其关键部件为消解系统、取样系统、光学定量系统、确保安全的湿度传感器。

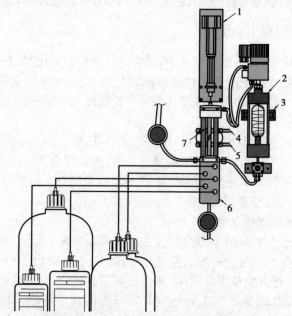

图8.3　HACH公司CODmaxⅡ在线COD分析仪的分析单元结构图
1—活塞泵;2—消解单元;3—光度计;4—高液位光度计;
5—低液位光度计;6—阀单元;7—计量管

消解系统的主要特点有:

1)消解系统:

①采用强氧化剂和高温175 ℃进行高温消解,为短时间消解创造可能。

②根据实际水质可调整反应时间设置以保证100%氧化,确保测量的可靠性。

③可靠的设计使消解和测量共用测量池,从而避免因消解与测量分开进行操作时带来的误差。

2)取样系统:重铬酸钾法COD在线分析仪的取样系统因接触的试剂和样品均是强腐蚀性,因此对取样系统的设计要求很高,一般不会采用传统的蠕动泵,而采用活塞泵。活塞泵取样系统具有如下特点:

①与样品和试剂没有直接接触,减少被腐蚀的可能性,既提高了可靠性,又减少了维护量。

②不挤压泵管,不需经常更换泵管,降低运行成本。

3)光学定量系统:利用光学原理,定量水样和试剂,提高了水样和试剂的定量精度,在关键因素上保证了测试的准确性。

4)确保安全的湿度传感器:为了防止有毒液体发生泄漏,对人员造成伤害,破坏环境,仪器设计的湿度传感器全天候工作。当系统管路出现泄露现象时,仪器立即停止工作并报警,只有当泄漏消除且报警信息得到确认后,仪器才能重新开始测量,从而保证了人员和环境的安全。

(2)在线 COD 分析仪的安装

一般来说,在线 COD 分析仪的设计条件为室内运行。图 8.4 为 HACH 公司 CODmax Ⅱ 在线分析仪外观,图 8.5 为我国杭州聚光科技 COD-2000 分析仪外观。在线 COD 分析仪理想的位置应该是干燥、通风、易于进行温度控制的地方。同时,选择尽可能靠近样品源的位置安装分析仪,尽可能地减少分析延迟。仪器的实际安装可以根据现场情况确定,如图 8.6 所示为其中的一种安装方式。

图 8.4　HACH 公司 CODmax Ⅱ 在线 COD 分析仪

图 8.5　杭州聚光科技 COD-2000 分析仪

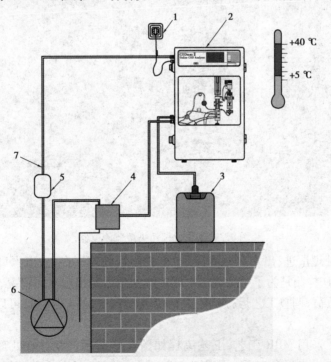

图 8.6　HACH 公司 CODmax Ⅱ 在线 COD 分析仪的仪器安装图
1—电源插头;2—在线 COD 分析仪;3—废液槽;4—样品预处理;
5—泵的控制单元;6—潜水泵;7—来自继电器采样请求的控制线

为使该检测过程顺利完成同时保证一定的准确度和重复性,可选择采用预处理子系统对待测水样进行前期预处理。预处理系统采集待测水样,然后对该水样进行破碎均质处理,同时还需要将泥沙等硬质颗粒从水样中分离,并且具备定期自动清洗维护的功能。

(3)在线 COD 分析的应用

工业废水和市政污水处理厂的排放都是连续的。以前,都是采用实验室测量方法测量 COD 值,一般一天只测量 1 次,并认为这是一天的 COD 平均值。但是,排放污水的 COD 值是不断变化的,一天测量 1 次,只能了解某一时刻的 COD 值,不能代表其他时刻的 COD 值。所以,需要采用在线仪表进行测量,为环保监测、污水处理工艺调整以及数据统计提供更多的真实数据。

1)工业排水口监测应用:工业废水由于污染物浓度较高,不能直接排放,表现在 COD 值高,含有一定的重金属,且可能含有有毒物质。不同工业废水由于所含有机物不同,其降解的难易程度也不一样,所以针对不同的工业废水可以采用不同的消解时间。按照规定,工业废水必须经过处理,满足排放标准后才能排放。

为实时监测某焦化厂的废水排放,在其废水排放口安装 COD 在线分析仪(图 8.7),并通过数据采集仪器把数据传送到监测中心。这样,监测中心就可以实时了解该焦化厂的排污情况了。

图 8.7　某焦化厂污染源监测仪器

2)市政污水处理厂进、出水口监测应用:市政污水处理厂在进、出水口都需要测量 COD 值。出水口的 COD 检测是为了检测经污水处理厂处理后的出水水质情况,进水口的 COD 检测是要了解污水负荷,调整工艺运行参数。比较进、出水口的 COD 值,可以知道污水处理厂的 COD 处理效率。

某污水处理厂采用 MBR 工艺,工艺流程如图 8.8 所示。设计日处理能力为 6 万 t 的 MBR 膜处理工艺,污水经预处理,再进入 MBR 膜生物反应池,去除 COD、BOD、N、P 等污染物。

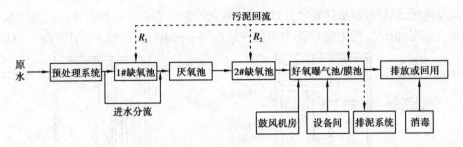

图 8.8　MBR 工艺流程图

在该污水处理厂出水口安装重铬酸钾法 COD 在线分析仪,实时监测出水水质。由于采用国标方法测量 COD_{Cr},还可以作为排水的环保监测。

8.1.3　COD_{Mn} 分析仪(高锰酸盐指数分析仪)

在一定条件下,用高锰酸钾氧化水样中的某些有机物及无机还原性物质,由消耗的高锰酸钾量计算相当的氧量,称为高锰酸盐指数(I_{Mn} 或 COD_{Mn})。

COD_{Mn} 在线分析仪的测量方法为高锰酸钾法,其主要过程是:样品中加入已知量的高锰酸钾和硫酸,在沸水浴中加热 30 min,高锰酸钾将样品中的某些有机物和无机还原性物质氧化,反应后加入过量的草酸钠还原剩余的高锰酸钾,再用高锰酸钾标准溶液回滴过量的草酸纳。通过计算得到样品中高锰酸盐指数。此方法符合国家标准方法 GB 11892—89《水质 高锰酸盐指数的测定》。

一般说来,高锰酸盐指数分析仪测量的终点检测法是氧化还原电位法。氧化还原电位(ORP)法,是使用测量金属铂电极在氧化过程中对比参考电极的电位(氧化还原电位)。一定的高锰酸钾溶液有特定的滴定曲线,在这条滴定曲线上,先找到平衡电位;把这个平衡电位点作为检测滴定终点。

当测量像海水这样含有大量氯离子的水样时,可以使用碱性法测量。对样品用氢氧化钠做碱性处理,代替硝酸银。在水样中加入氢氧化钠溶液使溶液为碱性,再加入氧化剂高锰酸钾在沸腾水浴中反应 30 min。求得此时高锰酸钾消耗的量,即相当于耗氧量,用 mg/L 表示。高锰酸钾的消耗量用与酸性法一样的反向滴定法求得。

高锰酸盐指数不能作为理论需氧量或总有机物含量的指标,因为在规定的条件下,许多有机物只能部分被氧化,易挥发的有机物也不包含在测定值之内。一般用于地表水的检测。

在线高锰酸盐指数分析仪以 DKK　COD-203A 型 COD_{Mn} 在线分析仪为例,它主要由 3 个部分组成:操作单元、分析单元以及试剂贮藏单元。仪器外观如图 8.9 所示,仪器构成如图 8.10 所示。

高锰酸钾指数分析仪的分析单元主要由试样计量器、试剂计量器、反应槽、油浴加热槽、滴定泵、空气泵、管路及管夹阀组成。由计量器控制水样和试剂的进液量。仪器控制气泵和电磁阀等的启动和停止,从而实现提取试剂,

操作部液晶板

正面的门

图 8.9　高锰酸盐指数分析仪外观图

79

将其送入反应池,然后控制加热温度及时间,使氧化还原反应充分进行。再控制滴定泵进行高锰酸钾的反滴定,由反应槽中的 ORP 电极监控反应的平衡电位。最后通过计算得出 COD 数据。

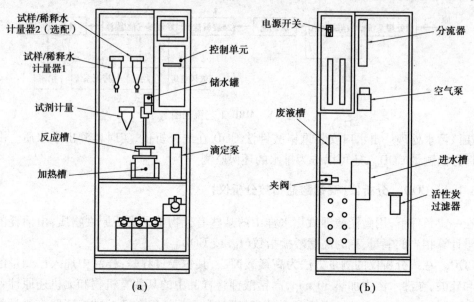

图 8.10　高锰酸钾指数分析仪结构图

①计量器:高锰酸钾指数分析仪的计量器的示意如图 8.11 所示。

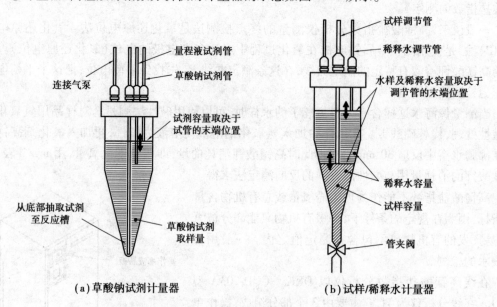

图 8.11　高锰酸钾指数分析仪的计量器示意图

如图 8.11 所示,水样及稀释水容量取决于调节管的末端位置,即插入深度。不同量程所需的试样的进液量可通过调节管路的插入深度来实现。试样和稀释水从计量器底部流出至反应槽。

②加热槽:向加热槽内注入硅油至上下两条油位线之间。采用油浴加热控制反应槽的温度在 100 ℃,保证加热均匀及保持恒温。外围设有防护罩,防止与加热槽直接接触,以免烫

伤。其结构如图 8.12 所示。

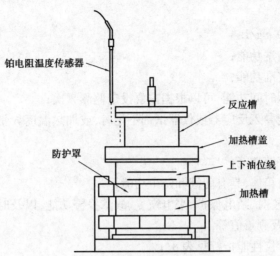

图 8.12 高锰酸钾指数分析仪油浴加热槽示意图

③反应槽：整个反应槽结构如图 8.13 所示，主要由搅拌器、铂电极、反应槽、反应槽盖、加热槽、加热槽盖、基座等部分组成。

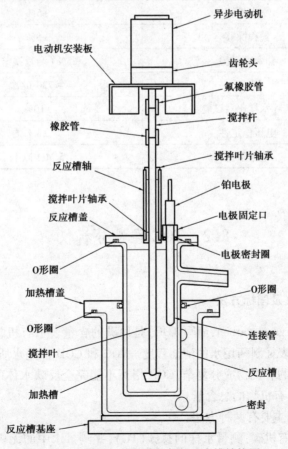

图 8.13 高锰酸钾指数分析仪的反应槽结构图

参考 HJ/T 100—2003《高锰酸盐指数水质自动分析仪技术要求》,高锰酸盐指数分析仪性能要求如下:

- 测量范围:0~20 mg/L;
- 仪器具有自动清洗功能;
- 仪器具有自动校准功能;
- 具有设定和显示时间功能,可以根据需要设定监测频次;
- 试剂泄露或不能导入反应器或仪器试剂不足时,或加热温度异常时系统可报警并停止运行直至被重新启动;
- 具有测量数据存储功能;
- 仪器箱体为密封箱体,具有防潮和防尘功能;
- 系统具有设定、校对、断电保护、来电恢复、故障报警功能,以及时间、参数显示功能,包括年、月、日和时、分以及测量值等。

高锰酸盐指数分析仪性能指标见表8.1。

表8.1 高锰酸盐指数分析仪性能指标

项 目	性 能
重复性误差	±5%
零点漂移	±5%
量程漂移	±5%
葡萄糖试验	±5%(测量误差)
MTBF	≥720 h/次
实际水样比对试验	±10%
电压稳定性	±3%
绝缘阻抗	5 MΩ 以上

8.2 TOC 在线分析仪

8.2.1 TOC 定义及国标方法

总有机碳(total organic carbon,简写 TOC)是以碳的含量表示有机物总量的一个指标,常用于环境水质监测或表征制药用水的清洁程度。TOC 和 COD 都是水质有机污染的综合指标之一。由于水中所含的有机物成分复杂,COD 指标不能完全反映水体的有机污染状况,故而引入 TOC 来反映水中有机物的总含量。

典型的 TOC 分析主要有两种方法:

①差减法测定总有机碳:测量水样的总碳(TC),并测量水中的无机碳(IC),总碳与无机碳之间的差值,即为总有机碳 TOC。

②直接法测定总有机碳:将水样酸化后曝气,将无机碳酸盐分解成二氧化碳并去除,然后测量剩余的碳,即可得总有机碳 TOC。由于这种方法在测量前先使用不含二氧化碳的压缩空气或氮气进行酸化水样的吹脱,因此此种方法所得的 TOC 又称为不可吹出有机碳(NPOC)。

不论是差减法或直接法进行 TOC 测量,分析过程都可以分为 3 个主要步骤:酸化、氧化、检测和定量。常见的氧化方法有燃烧氧化、紫外/过硫酸盐催化氧化、羟基自由基高级氧化等方法。而定量检测目前采用非色散红外检测技术(NDIR)和电导率检测两种技术。其中 NDIR 的应用最成熟、最方便,是探测技术的主流,我国目前国标推荐的就是非色散红外吸收法;电导率检测技术主要应用于纯水的 TOC 检测。

现行的 TOC 测定国家标准方法为 2009 年国家环境保护部颁布的《水质 总有机碳的测定 燃烧氧化-非分散红外吸收法》(HJ 501—2009),代替了原有的国家标准方法 GB 13193—91 和 HJ/T 71—2001,用于测定地表水、地下水、生活污水和工业废水中的总有机碳(TOC)。燃烧氧化法具有高温燃烧、氧化完全的特点,一般应用于有机物含量较高及成分较复杂的工业废水监测,但在一些工业废水和存在海水倒灌现象的地表水等工况中,燃烧氧化法可能会遇到油、高盐、高悬浮物的挑战。

另外,《生活饮用水标准检验方法 有机物综合指标》(GB/T 5750.7—2006)中,通过向水样中加入适当的氧化剂或紫外线照射,使水中的有机物转为二氧化碳。紫外/过硫酸盐氧化法具有灵敏度高、量程宽、响应快等特点,一般应用于饮用水及其水源地等较干净的水体监测,以及石化、电力、电子等行业的水处理过程水质监测及工艺控制。在一些工业行业生产过程应用中,当水质中含有难氧化物质或挥发性物质时,传统 UV 法的监测会面临一些困难。

8.2.2　过硫酸钠紫外催化氧化法测量原理

经典的 TOC 检测分析技术——过硫酸钠紫外催化氧化法,整个分析过程分为 5 个步骤,如图 8.14 所示。

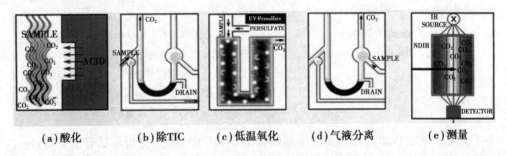

(a)酸化　　(b)除TIC　　(c)低温氧化　　(d)气液分离　　(e)测量

图 8.14　过硫酸钠紫外催化氧化法

首先,样品通过多通道进样阀进入分析仪,加入磷酸试剂,将水中的无机碳转化成 CO_2;利用气液分离器分离出 CO_2,随载气排出,从而除去样品中的 TIC(总无机碳);样品与过硫酸钠试剂混合后,进入紫外光消解装置进行氧化反应,将有机物氧化成 CO_2 和水。而后生成的 CO_2 和水被气液分离器分离,分离出的 CO_2 气体被送进非色散红外检测器。红外检测器对 CO_2 的检测有良好的检测灵敏度和线性度,分析得到 CO_2 的浓度,并换算成 TOC。其氧化过程反应机理为:

$$S_2O_8^{2-} \xrightarrow{hv} 2SO_4^{-*} \tag{8.2}$$

$$H_2O \xrightarrow{hv} H^+ + OH^{-*} \tag{8.3}$$

$$SO_4^{-*} + H_2O \longrightarrow SO_4^{2-} + OH + H^+ \tag{8.4}$$

$$有机物受激发:R \xrightarrow{hv} R^* \tag{8.5}$$

$$有机物氧化:R^* + SO_4^{-*} + OH^* \longrightarrow nCO_2 + mH_2O + \cdots \tag{8.6}$$

相对而言,过硫酸钠紫外催化氧化方法,维护量较低,对于低量程测量具有较高的灵敏度,并可适用于较宽的测量范围。

(1)在线 TOC 分析仪结构介绍

美国 HACH 公司 Astro UV TOC 分析仪采用过硫酸钠紫外催化氧化-NDIR 法,适用于工业过程水和废水过程处理中的在线监测。其检测流路如图 8.15 所示,结构如图 8.16 所示。

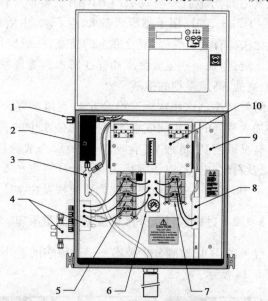

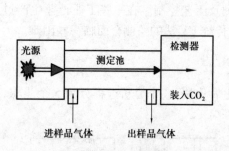

图 8.15 过硫酸钠紫外
催化氧化-NDIR 检测流路

图 8.16 TOC 构造图
1—废气排放;2—浓缩器;3—气液分离器(GLS);
4—多管进样口;5—酸和样品泵;6—多管喷淋头和压力表;
7—过硫酸盐和重加样品泵;8—多管反应器;
9—UV 灯装置;10—带流量调节器的泵架组件

为了满足工业过程水处理及水质监测的要求,Astro UV TOC 分析仪具有以下特点:

①液体流流路通过三个多功能模块进行简化。

②进样模块包括有所有进入仪器的接口,如试剂、水样、校正标准液等,以及相应的阀门。

③喷射模块集成有流量和压力表。在液体流量测量的同时进行水样和酸的混合。

④反应模块中水样和过硫酸钠进行混合反应。

⑤泵马达适用分析仪的各种量程。不同数量的泵头组合可应用于不同的量程。

⑥UV 消解模块最多可以安装多个标准 UV 灯,应用于不同场合。

在线 TOC 分析仪的分析单元关键部件:

1)反应氧化单元:过硫酸钠紫外催化氧化法主要采用紫外灯进行消解氧化,其氧化单元结构如图 8.17 所示。

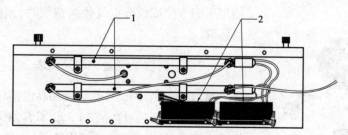

图 8.17　在线 TOC 分析仪的氧化单元
1—紫外灯;2—灯的反用换流器

2)NDIR(非分散红外)检测器:反应生成的二氧化碳气体通过载气输送到 NDIR 检测器流通池进行测量。NDIR 检测器(图 8.18)主要由流通池、光学系统(包括红外光源、红外检测器和其他光学配件等)等组成。

3)蠕动泵:仪器采用蠕动泵连续取样,试样连续注入反应槽进行反应,所产生的二氧化碳也是连续的方式进入 NDIR 检测器进行检测,可以实现真正的连续在线

图 8.18　在线 TOC 分析仪的 NDIR 检测器

检测,可以使 TOC 仪器实时分析水质变化和波动。在线 TOC 分析仪的取样系统如图 8.19 所示。

图 8.19　在线 TOC 分析仪的取样系统

(2)在线 TOC 分析仪安装介绍

TOC 分析仪是在室内操作的,安装在墙壁或支架上。比较理想的位置是干燥、通风、温度可控的场所,并且根据相应的需求安装电气、通信连接。为了将 TOC 的测量结果最优化,尽可能靠近样品源的地方,以减少分析的滞后。如果分析仪未配备快速回路清扫装置,则样品端口应该与大气压源连接。如果分析仪配有快速回路清扫装置,水样入口接头需要连接到一个高压源上,控制阀安装在入口控制流速。并且分析仪会产生废气和废水。用户必须要确定废气、废水的组分,并根据其类型以及其阈值采取适当的处理措施。

1)样品预处理系统:TOC 测量中要求 SS≤2 000 mg/L,粒径≤500 μm;对于污水应用中,尤其是悬浮颗粒较多的时候,在线 TOC 分析仪需配套预处理装置。推荐使用 100 μm 的过滤器,其他还有 25、50 和 300 μm 等可选。在线 TOC 分析仪预处理装置如图 8.20 所示。

2)载气气源:在 TOC 测量中需要使用载气,一般采用无 CO_2 清洁空气或氮气作为载气。

图 8.20　在线 TOC 分析仪预处理装置

使用压缩空气或仪表空气作为载气时,须配置二氧化碳去除装置。

8.2.3　高温法测量原理及仪表

高温法测量 TOC 有燃烧法和高温催化氧化法。

①高温燃烧法:样品在 1 350 ℃高温条件下进行燃烧。样品中所有的碳转化成二氧化碳,气体通过洗涤管去除干扰气体,如氯气和水蒸气等。二氧化碳通过强碱进行吸收称重,或者使用红外检测器进行检测。目前 TOC 分析仪常用 NDIR 检测器进行二氧化碳检测。此种方法常见于实验室分析。

②高温催化氧化法:样品进入铂催化剂媒介,在 680 ℃高温条件下进行氧化。二氧化碳通过 NDIR 检测器进行二氧化碳检测。反应机理见下:

$$C_aH_bN_cO_dP_e \xrightarrow[\text{高温、催化氧化}]{} aCO_2 + cNO + \frac{b}{2}H_2O + \frac{e}{2}P_2O_5 \tag{8.7}$$

高温、催化氧化样品进入燃烧炉后完全氧化,可氧化的物质转化成气态形式。无二氧化碳的载气把有机物氧化产生的 CO_2,通过去湿装置去除水蒸气等会干扰 CO_2 气体的检测的物质,使干燥的气体进入到红外检测器进行测量。高温法(HTCO)适用于较难氧化的有机物或者高分子有机物,可以对有机物以及粒径较小、可以被输送到燃烧炉的固体和颗粒物质进行彻底氧化。而高温法主要的缺点是燃烧管中会累积不可吹出的残渣,造成测量基线不稳定。这些残渣会连续的改变 TOC 的背景值,需要连续的本底修正。由于水样直接注射进入一个非常热的燃烧管(通常是石英管),燃烧的水样的量很少(小于 2 mL,通常小于 400 μL),而化学氧化法进样量在高温法的 10 倍以上,化学氧化法具有更高的测量灵敏度。同时,由于样品中的盐分不会被燃烧,因此也会逐渐累积在燃烧光内,最终会堵塞催化剂表面,造成较低测量峰形状,降低测准确度和精密度。高温催化法中的高温炉和燃烧管内置铂催化剂分别如图 8.21 和图 8.22 所示。

图 8.21　高温炉

图 8.22　高温催化法(HTCO)燃烧管内置铂(Pt)催化剂

日本岛津公司的 TOC-4200 在线总有机碳(TOC)分析仪(图 8.23)采用耐腐蚀性强、维护量低的八通阀系统和 680 ℃燃烧催化氧化技术,是一款高性能的连续在线 TOC 分析仪。主要应用于环保行业废水等浓度较高的废水监测。其主要技术指标如下:

- 测定原理:催化氧化燃烧+非分散红外(NDIR)CO_2 气体检测;
- 燃烧温度:680 ℃;
- 自动校准:利用零标液和跨度标液自动校准或 5 点标准液校准;
- 测定范围:0 ~ 1 ppm、0 ~ 5 ppm 至 0 ~ 20 000 ppm 可变;
- 测定周期:最小周期 4 min;
- 载气:250 ~ 300 kPa 高纯纯氮气 99.99% 以上;
- 样品前处理功能:集成高速回旋式匀化器,利用自来水自动逆流清洗滤网;
- 自动清洗功能:可根据用户设定的时间间隔,定时用蒸馏水对仪器内部管路进行清洗;
- 通信:数字 MODBUS RS-232 或 RS-485、模拟量、开关量。

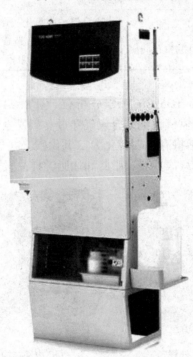

图 8.23   日本岛津在线总有机碳仪 TOC-4200

8.2.4 羟基氧化法测量原理及仪表

很多用来作为强氧化剂的反应物,如臭氧和双氧水,在特定条件下可以再产生氧化性更强的羟基自由基。所以可以利用这一手段得到更高氧化效率的 TOC 分析仪。这种分析仪的氧化通常是分为两段,有单纯的氧化剂氧化阶段,以及产生的羟基自由基的第二级氧化,成为双阶氧化。比如,我们以臭氧为氧化剂,控制反应条件为碱性的情况下,不光可以利用臭氧的氧化能力,其产生的羟基自由基氧化能力更强。基于这种原理的 TOC 分析仪通常被用来测定不容易氧化的有机物。

相比较其他的氧化技术,二阶氧化技术具有一定的优势,主要对比情况见表 8.2。

表 8.2　常见氧化技术对比

氧化技术	羟基氧化法	高温法	过硫酸钠紫外催化氧化法
氧化能力	强	强	弱
挥发性有机物	可以测量	可以测量	无法测量
进样体积 （样品代表性）	毫升级别 （强）	微升级别 （弱）	微升级别 （弱）
含盐耐受性	可耐受氯离子浓度最高30%和钙浓度最高12%	氯离子浓度有限；盐含量不能过高；不能氧化的无机盐类易积聚在高温炉内，屏蔽催化剂作用，降低高温消解作用；部分盐类会造成催化剂中毒	含盐量耐受浓度最低，一般不超过0.5%，否则会降低过硫酸盐氧化能力
测量稳定性	具有长期稳定性，可以允许6个月的校正间隔	由于高温炉内氧化灰烬或者其他产物的影响，造成氧化效率降低，需要频繁校正	由于紫外灯管的衰减，氧化效率降低，需要频繁校正

美国 HACH 公司 BioTector B3500e TOC 分析仪（图 8.24）使用的是二级先进氧化法（TSAO），利用分析器内通过用氢氧化钠结合氧气穿过臭氧发生器而产生的羟基自由基，实现样品的全面和彻底的氧化，包括将有机碳转化为二氧化碳。并通过 NDIR 分析仪对二氧化碳进行测量。能够更好地测量含有盐、颗粒、脂肪和油脂的样品，适用于严苛的在线环境。

　　　　（a）外观　　　　　　　　（b）内部结构

图 8.24　HACH BioTector B3500e TOC 分析仪外观及内部结构

美国 HACH 公司 BioTector TOC 分析仪使用的是二级先进氧化法（TSAO）测定 TOC，利用氧气发生器产生的臭氧和臭氧在碱性条件下产生的羟基自由基实现样品全面而彻底的氧化，将有机物转化为二氧化碳，通过加入适量酸并以氧气作为载气带出二氧化碳进入 NDIR 检测器进行二氧化碳测量分析。消解后的样品（强酸性）用于反冲洗样品管，以消除不同来源的样品对分析结果造成的影响，能够适用于严苛的在线环境。

HACH BioTector TOC 的技术特点：

①维护量低：每 6 个月维护一次，在每次维护期间无须进行校准。

②高可靠性：99.86% 以上的在线率（MCERT Certified）。

③可分析各种复杂水样：不受水样中盐、油脂、膏和颗粒物等的影响。

④进样前无须过滤:可以完全体现样品的 TOC 值。

⑤操作简便:操作和维护简便,并且有智能诊断功能。

BioTector TOC 分析仪采用内径达 3.28 mm 的取样管,并且采用口径较粗的旋转阀进行样品定量与进样,所以可以接受含油固体悬浮物、固体颗粒的样品,甚至可以将一些乳化的样品进行处理。二级先进氧化法测定 TOC 几乎可以适用任何样品。对于一些含有固体颗粒和盐的样品同样有很好的适用性。最高耐受近 30% 盐含量的样品,并可以接受含钙量高达 12% 的样品,这使得 BioTector TOC 可以应用于如离子烧碱工艺中盐水中 TOC 的检测和环氧氯丙烷等工艺中采用石灰法皂化过程的废水中 TOC 的检测。同时在石化过程中,大量含油浮油及油脂的废水样品同样适用。

8.2.5　其他类型 TOC 分析仪器

其他类型的 TOC 分析仪主要采用电导率检测二氧化碳浓度,并换算成 TOC 数值,此类仪器主要采用紫外灯消解和电解技术进行有机物氧化;主要应用于纯水中 ppb 级的 TOC 测量,以电子行业、制药行业等为主。在使用中不需要使用载气和试剂,维护量相对较低。同时相对 NDIR 方法的 TOC 分析仪而言,结构尺寸更为小巧,采用电导率测量的 TOC 分析仪还有便携式型号(图 8.25),可以方便现场应用。

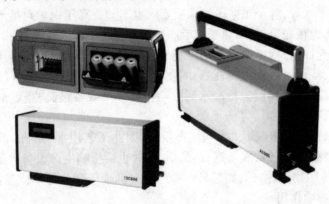

图 8.25　便携式 TOC 分析仪

8.2.6　总有机碳分析的应用

(1)环境分析

从 20 世纪 70 年代早期,总有机碳(TOC)已被确认并接受成为一个分析技术,用来衡量饮用水净化进程中的水质。

水源中的 TOC 主要来自天然有机物腐烂和人工合成有机物。如腐殖质、黄腐酸、胺类、尿素等是常见的天然有机物;而洗涤剂、农药、肥料、除草剂、工业化学品和含氯化有机物等这一类是常见的人工合成有机物。在给水消毒处理中,TOC 有着重要作用,量化原水中天然有机物的含量。在给水处理中,原水与含有氯消毒剂进行反应。当原水中加氯时,活性氯(Cl_2、HClO、ClO^-)会与天然有机物反应产生氯消毒副产物(DBPs)。许多研究人员发现,原水中较高水平的天然有机物含量,在给水处理过程中会增加水中致癌物质的含量。

(2)循环冷却用水

在工业生产中,如石油化工生产中,从原料到产品,包括工艺过程中的半成品、中间体、溶剂、添加剂、催化剂、试剂等,具有高温、深冷、高压、真空等特点,在工艺过程中需要通过热量交换进行冷却或加热,需要使用大量的循环冷却水,而且这些介质又多以气体和液体状态存在,具有腐蚀性,极易泄漏和挥发。如果生产工艺热交换过程中发生介质泄露,一方面由于这些介质具有易燃、易爆的特点,容易形成爆炸环境,会造成生产设备运行的重大安全隐患;另一方面,循环冷却水受到泄露介质的污染后,会影响后续水处理设备的运行安全和处理效果,降低循环冷却水的使用频率和效率,增加用水量,以及降低热交换的效率。

在电厂中,汽轮机油是用油量最大的润滑油。润滑油在发电机组中,主要起润滑、冷却散热、调速和氢冷发电机的密封等作用。润滑油冷却过程主要在冷油器中实现热量交换,通常冷油器采用的是循环水冷却。由于润滑油等都是有机物,可以通过在线监测循环冷却水中TOC浓度,通过在线监测循环水的TOC数值,首先可以连续监测循环水是否受到介质泄露污染,并及时反馈,及早发现安全隐患;其次,监测了解循环水的水质,可以自动控制补水或加药等处理措施,提高循环水利用率,有利于节能降耗,减少排放。

在石化等特殊行业应用中,有些生产环境比较特殊,有些区域为防爆Ⅰ区或Ⅱ区;要求仪器具有防爆的性能,需要采用一些防爆型号的TOC进行现场监测。

(3)热力(锅炉)和工艺用水

工业生产的热力和工艺系统用水等级和类别较多,可分为锅炉给水、蒸汽、热水、纯水、软化水、脱盐水、去离子水等,各个工艺段的水质要求也不同。高压锅炉对给水的水质要求非常高,因此补水的成本也很昂贵,如果热交换后产生的高温冷凝水汽中有机物含量(TOC)、油含量等水质指标低于允许值,就可以将高温冷凝水汽直接送回高压锅炉作为补水,这可以节约大量水资源和热能,从而可以降低高压锅炉的运行成本。在线TOC分析仪就可以实现在线TOC分析或TC(总碳)痕迹检测。冷凝水回收项目的经济效益极高,是石油、化工、电力等领域节能、减排的优选项目。

对于工艺用水,往往以蒸汽形式参与生产反应,因此工艺用水(蒸汽)的品质影响了生产反应的过程、生产产品(中间体、成品等)的品质,同时也会影响生产设备的运行安全。通过在线测量工艺水(蒸汽)的水质指标,如总碳(TC)、总有机碳(TOC)等水质参数,对产品的生产过程控制有着重要影响作用。

(4)废水监测和其他水监测

总有机碳分析与生物需氧量(BOD)和化学需氧量(COD)分析等传统方法相比较,能更为快速、准确地反应水中有机物的含量。在污水应用中,TOC测量中将有机物全部氧化,比生化需氧量或化学需氧量更能反映有机物的总量。工业行业中,有生产或者使用有机化学品,生产过程中的工业废水中往往含有大量有机污染物,一般都具有毒性、致癌性等环境危害性,如果不经过处理直接排放进入环境,将会引起严重的环境问题。在处理过程中,通过在线TOC测量,可以及时了解水质状况,优化污水处理工艺;在排放口可以监控污水达标排放,有利于减少企业的污染排放量,降低环境污染和危害。

(5)制药行业

进入供水系统的有机物不仅是活的生物体和原水中带有的腐烂有机物,还有可能是从净化和管路系统的材料中带入的。内毒素、微生物生长、管壁上生物膜生长和制药管路系统上的生物膜生长之间存在关系。可以确认TOC浓度和内毒素及微生物之间浓度水平之间存在相关性。维持低水平的TOC有利于控制内毒素和微生物的水平,以及生物的生长。美国药典(USP)、欧洲药典(EP)和日本药典(JP)规定TOC需要作为纯水和注射水(WFI)的一个测试指标。基于以上原因,TOC 现已在生物制药行业的过程控制中成为一个监控操作的重要指标,包括净化过程和管路系统。由于许多生物制药操作用于药品生产,美国食品和药品管理署(FDA)颁布了许多保护市民健康,以及保障产品质量品质的法律和法规。为了保证不同药物生产过程中不产生交叉污染,需要进行多种清洗过程。TOC 浓度等级用来验证有效的清洗过程,特别是在原位清洗过程中(CIP)。

8.3　UV 吸收在线分析仪

8.3.1　UV 吸收在线分析仪的测量原理

水中的某些有机物,如木质素、丹宁、腐殖质和各种含有芳香烃和双键或羟基的共轭体系的有机化合物,对 254 nm 的紫外光有很好的特征吸收。根据朗伯-比尔定律,可以通过测量这种特征吸收值,即 SAC254,然后利用 SAC254 与有机物浓度之间的相关性,转换成有机物浓度。

某些特定水体中的组分一般变化不大,因此可以利用 SAC254 来考察有机污染物浓度。但是,某些有机污染物,如低级饱和脂肪酸、氨基酸(芳香族氨基酸除外)类等,在紫外光区没有吸收或吸收很差,故 SAC254 仅仅是某些有机物的综合反映。紫外 UVCOD 在线分析仪就是通过测量 SAC254,然后利用 SAC254 与 COD 之间的相关性,转换成 COD 值,故又称 UVCOD。通过另一个检测器在参照波长下,对样品浊度、悬浮固体进行补偿和修正。该方法符合德国《对水、废水和淤泥的统一检验法 物理和物理化学特性参数(C 组)第 3 部分:紫外线辐射场中吸收的测定(C3)》(DIN 38404-3—2005)标准。

如图 8.26 所示,探头中光源发出的光线穿过狭缝,其中部分光线被狭缝中流动的样品所吸收,其他的光线则透过样品,到达探头另一侧的分光器,被一分为二,50% 的光线由样品检测器检测,另 50% 的光线由参比检测器检测。仪器对两个检测器的信号进行运算,就能得出经过补偿的 SAC254 值。最后,根据实际水样的特性,也就是 SAC254 和 COD 的相关性,把 SAC254 转换成 COD,实现 COD 的测量。

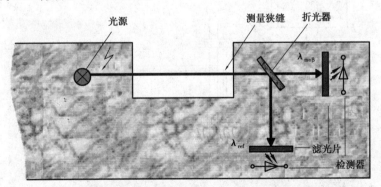

图 8.26　紫外 UVCOD 在线分析仪的测量原理

8.3.2　在线 UVCOD 分析仪结构

图 8.27 所示为一个典型的 UVCOD 测量探头的整体结构。一个多光束吸收光度计 550 nm 的 SAC 值是用来补偿浊度的,通过从 254 nm 的 SAC 值减去该值即可完成浊度补

偿。光度计的灯每闪一次,就进行一次测量。图8.28为光度计的结构示意图。

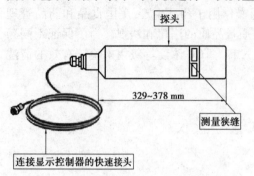

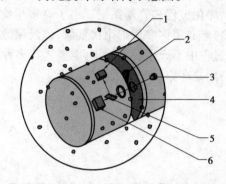

图 8.27 在线 UVCOD 分析仪的测量
探头的整体结构

图 8.28 在线 UVCOD 分析仪的测量探头的光度计结构
1—接收器;测量元件;2—双面擦拭器;3—紫外灯;
4—测量狭缝;5—镜子;6—接收器,参考元件

8.3.3 在线 UVCOD 分析仪安装

一般来说,在线 UVCOD 分析仪的测量探头为不锈钢材质,可采用浸入式安装和流通池安装方式。

(1)浸入式安装

在线 UVCOD 分析仪浸入式安装需要注意:探头浸没于水中,与水流平行;探头与池壁要保持足够的距离防止探头损坏;探头的测量狭缝要朝向左侧或者右侧。狭缝不要朝上,否则会导致泥沙聚集。狭缝不要朝下,否则会产生气泡;对于所有的安装,都要使用90°适配器。

图 8.29 为浸入式安装示意图。

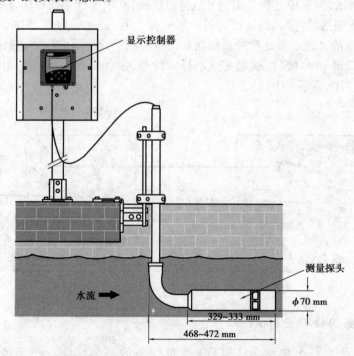

图 8.29 紫外 UVCOD 在线分析仪的浸入安装方式

（2）流通池式安装

流通池安装方式一般应用于饮用水的测量，要求水样干净无颗粒物。水样进口压力最大不能超过 0.5 bar，所以需要选配球阀或压力调节器来控制水样的流量或压力，如图 8.30 所示。

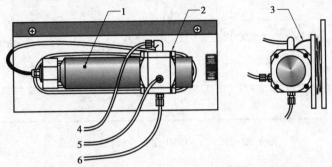

图 8.30　紫外 UVCOD 在线分析仪的流通池安装方式

1—传感器；2—流通池；3—传感器电缆（如图所示，多余的电缆存储在内部面板中）；
4—水样排放口；5—水样进口；6—流通池排放口

8.3.4　在线 UVCOD 分析仪的应用

（1）污水处理厂进水口应用

某污水处理厂主要处理当地生活污水和食品工业废水，其主要工艺为 SBR 工艺。两个 MSBR 生物反应池交替运行，以实现污水的连续处理。由于食品厂时常有超标排放的现象，造成污水处理厂超负荷工作。如果不及时调整污水处理厂的设备运行状态，最终将导致污水处理厂不能达标排放，对环境造成污染。

因此，在污水处理厂的细格栅后安装了紫外 UVCOD 在线分析仪，实时检测进水 COD 负荷，如图 8.31 所示。实际运行中，由于响应时间快，多次及时检测出进水超标的情况。如图 8.32 所示，为某食品厂超标排放引起的设备检测值的突然升高。根据此测量值，可以及时调整污水处理厂的设备运行状态，尽量使污水处理厂的工艺不受影响。

图 8.31　污水处理厂进水口安装紫外 UVCOD 在线分析仪

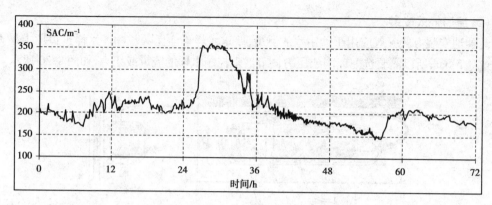

图 8.32　紫外 UVCOD 在线分析仪运行效果

（2）其他应用

由于紫外 UVCOD 在线分析仪具有响应速度快的特点，可以用于水质比较稳定的地表水和工业循环水上，连续监测有机污染物，实现地表水站的监测要求和工业用水的自动控制等。

8.4　COD、TOC、UV 在线测量值与 COD 标准手工分析值的换算

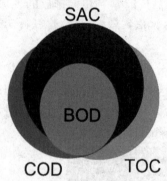

图 8.33　TOC、COD、BOD 和SAC 之间的趋势相关

在水质成分变化不大的情况下，SAC254 与 COD 之间有很好的相关性，可以实现快速、准确、经济的在线监控。同样，在测量中如果需要 TOC 的数据，可以将 SAC254 与 TOC 间建立起联系，从而得到 TOC 数据。由于 COD、TOC、UV 自动测定仪在测量原理、测量对象、测量条件等各方面都与标准的手工实验室 COD 测量方法不同，并且由于排水的性质各异，其适应性也不同。TOC、COD、BOD 和 SAC 之间的趋势相关性如图 8.33 所示。使用上述水质自动测量仪时，须将仪器的测量值和标准手工分析值进行比对，代入换算公式，经换算后所求出的值，可以视同于使用标准测量方法得出的相关 COD 值。换算公式的一般形式为：

$$y = a + bx \tag{8.8}$$

式中　y——标准方法的手工分析值；

　　　x——水质自动测量仪的测量值。

因为换算公式是依各特定排水的具体情况而定，即使在同一单位内，如果排水系统不同，每一系统都要有本身的换算公式。

数据是换算公式的基础，数据收集的频次需根据排水的特性做出判断。一般是每天不定时地随机取出一对数据（将采集的试样分为 2 份，同时或在短时间内用标准方法和使用方法同时测量），收集数据的数量在 20 对以上。数据的多少可能导致统计结果上的差异，因此需要加以注意。

8.5　水中石油类污染物测定仪

油是环境保护实行污染物达标排放和总量控制的必测项目之一。油,特别是石油类物质,严重污染了水体、空气、土壤。石油类物质进入水环境后,其含量超过 0.1 mg/L,即可在水面形成油膜,油膜会阻碍水体与空气的气体交换影响水体的复氧过程,造成水体缺氧,危害水生物的生活和有机污染物的好氧降解。当含量超过 3 mg/L 时,会严重抑制水体自净过程。分散油和乳化油影响鱼类的正常生长,使鱼苗畸变,鱼鳃发炎坏死。石油类中的环烃化学物质具有明显的生物毒性。2012 年发生的渤海湾油田溢油事故大面积水域的浮油造成严重的生态影响不但造成重大的经济损失,而且对海洋及周边环境的破坏程度也是不可估量的。因此,精确测量水中油的成分含量对水中油现象进行检测和监控十分必要,对保护自然环境减少污染,对人类生产生活的影响具有重要意义。

油对水体的污染是一个全球性的问题,因此国家环境保护决策部门把油列入了必须实行总量控制和达标排放的水质污染物质名单之中(国家规定实施水污染物总量控制的项目是 COD、石油类、氨氮、氰化物、As、Hg、Cr(Ⅵ)、Pb 和 Cd,HJ/T 92—2002),排在第二位,可见对油污染的监测和治理是十分重要的。

生产生活中的水中油主要来源于以下几种情况:居民日常生活、石油加工过程、机械运行润滑泄漏、机械操作维修、金属加工、采油、输油等。水中油依据含油成分不同主要分为生物油、矿物油、合成油脂三大类。油在水体中有 5 种存在形式:漂浮油、分散油、乳化油、溶解油和油-固体物。

①浮油:以连续相漂浮于水面,形成油膜或油层,其油滴粒径较大,一般大于 100 μm。

②分散油:以微小油滴悬浮于水中,静置一定时间后往往变成浮油,其油滴粒径为 10 ~ 100 μm。

③乳化油:水中含有表面活性剂使油成为稳定的乳化液,油滴粒径一般小于 10 μm,大部分为 0.1 ~ 2 μm。

④溶解油:是一种以化学方式溶解的微粒分散油,油粒直径比乳化油还要细,有时可小到几纳米。油在纯水中溶解能力极差,水中存在有机溶剂或表面活性剂时会增强矿物油溶解性。

⑤油-固体物:水中油附着于固体颗粒上形成的。

8.5.1　水中油检测方法

水中石油类污染物监测的国家标准方法是 HJ 637—2018《水质 石油类和动植物油类的测定 红外分光光度法》和 HJ 970—2018《水质 石油类的测定 紫外分光光度法》。

红外分光光度法适用于工业废水和生活污水中石油类和动植物油类的测定。当样品体积为 500 mL,萃取液体积为 25 mL,使用 4 cm 比色皿时,方法检出限为 0.01 mg/L,测定下限为 0.24 mg/L。该方法的原理是水样在 pH<2 的条件下用四氯乙烯萃取后,测定油类,然后将萃取液用硅酸镁吸附除去动植物油类等极性物质后,测定石油类。油类和石油类的含量均由波数分别为 2 930 cm⁻¹(CH₂ 基团中 C—H 键的伸缩振动)、2 960 cm⁻¹(CH₃ 基团中的 C—H 键

波数分别为 $2\,930\ \text{cm}^{-1}$(CH₂ 基团中 C—H 键的伸缩振动)、$2\,960\ \text{cm}^{-1}$(CH₃ 基团中的 C—H 键

的伸缩振动）和 3 030 cm^{-1}（芳香环中 C—H 键的伸缩振动）处的吸光度 A2930、A2960、A3030，根据校正系数进行计算；动植物油类的含量为油类和石油类含量之差。

紫外分光光度法适用于地表水、地下水和海水中石油类的测定。当取样体积为 25 mL，使用 2 cm 石英比色皿时，方法检出限为 0.01 mg/L，测定下限为 0.04 mg/L。该方法的原理是在 pH≤2 的条件下，样品中的油类物质被正己烷萃取，萃取液经无水硫酸钠脱水，再经硅酸镁吸附除去动植物油类等极性物质后，于 225 nm 波长处测定吸光度，石油类含量与吸光度值符合朗伯-比尔定律。

此外国家海洋监测规范 GB 17378.4—2007《海洋监测规范 第 4 部分：海水分析》中也明确规定了适宜海水水质的几种油类的监测方法。

①荧光分光光度法：该方法适用于大洋、近海、河口等水体中的油类的测定，本方法被定为仲裁方法。其原理是海水中油类的芳烃组分，用石油醚萃取后，在荧光分光光度计上，以 310 nm 为激发波长，测定 360 nm 发射波长的荧光强度，其相对应荧光强度与石油醚中芳烃的浓度成正比。

②重量法：该方法适用于油类污染较重海水中油类的测定。用正己烷萃取水样中的油类组分，蒸除正己烷，称重，计算水样中含油浓度。本方法萃取称重，不受油品限制，但是操作较烦琐，灵敏度较低。

另外，对水中油的检测方法有浊度换算法、气体吹出/FID 法、TOC 法。

浊度换算法采用红外光源消除样品中颜色的影响，红外光照在油表面时产生散射，多个散射接收器对不同散射角度的光进行检测，散射光的度与水中油的浓度成比例关系。该方法受水中油粒径的大小影响，不可能消除非油类物质造成的浊度影响，测量精度较差，主要适用于在线报警控制。

气体吹出/FID 法可以检测挥发性有机组分，对挥发性有机物无选择性，检测灵敏度高，装置及仪器配置复杂并且依赖公用工程条件，如图 8.34 所示。分析系统在一些场合应用时需要进行防爆结构认证。测量值校正无代表性依据，对于沸点高的油类无法检测。

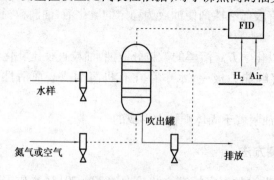

图 8.34　FID 工艺原理

TOC 法是利用分析总有机碳来检测水中烃类化合物，该方法分析结果准确，客观代表性好，可分析低含量的样品，在凝结水系统中，需要尽快了解有机物的含量（油泄漏），以决定水是否可以进入回用水回路或直接排放。

目前，水中油在线分析仪主要有折射光测量法和紫外荧光法两种，尤以后者应用较多。折射光测量法是一种测定水中油的方法，该方法使用三个不同波长的灯源及许多不同角度的固态式光接收器来监测颗粒及油滴所产生的不同折射光及穿透光强度。光能经由放大器及讯号转换器转成数位讯号,再经由微处理器分别计算出油分含量及颗粒含量。该方法对水中痕量油的灵敏度较差。

国际上比较流行和应用较多的在线分析方法是紫外荧光法。紫外荧光法可以直接对样品进行测量,无须任何试剂或溶剂,无须人工操作,响应时间快(通常<1 s),通过校准后可以获得很好的相关性以及测量精度。

紫外荧光法是一种非常灵敏的方法,可以用来测量水中的油类化合物。在化合物中部分被吸收的波长在更高的波长下重新放出荧光是一种常见的物理现象。当特定的紫外线照射在水上、水中碳氧化合物会吸收能量,芳香化合物是仅有可以在更高的波长下发光的化合物,这种化合物重新发光的波长范围是特定的。通过测量这种波长下荧光的强度,可以确定碳氢化合物的浓度。

HACH FP360 sc 水中油分析仪是一种微型的浸没 UV-荧光分析仪,用于测量水中油以及其他碳氢化合物,具有紧凑的微型化设计,以及长期稳定测量的特点。FP360 sc 通过直接测量给定样品体积中的荧光物质发射量的方法来在线监测多环芳烃的浓度。多环芳烃主要是由高效的氙气闪光灯所激发。多环芳烃激发所需的波长是通过使用 254 nm 时的干扰过滤器进行选择的。小部分激发光会被双重的光束分裂器反射,并被用作参比信号来评估激发能量的变化。激发光束会由一个小棱镜在视窗前约 2 mm 处聚光。荧光也会由同样的棱镜来收集,被光束分裂器反射,主要是由于荧光物质更长的波长以及被更大面积的光电二极管检测到。在光电二极管前面使用了干扰过滤器(CWL 360 nm)来消除散射光,并用来选择荧光。利用特制线路可以消除环境光的干扰,环境光在地表水中是很常见的。FP360 sc 基本光学结构图如图 8.35 所示。

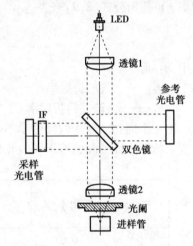

图 8.35　FP360 sc 光学原理图

FP360 sc 用于测量工业循环水、凝结水、废水处理、地表水站等水质监测,同时钛合金材质探头可耐海水腐蚀,其传感器既可以采用浸没式安装,又可以采用插入式安装,还可选择流通式安装用于特种工况。根据实际应用情况,需要对传感器的光学视窗进行定期清洗,以获得可靠的荧光读数。

8.5.2　水面油膜分析仪

炼油、石油化工、机械加工、食品、制药、航运业等产生的石油类或矿物油、动植物油类物质,通过排放或泄漏进入到自然水体中,由于大部分油类物质不溶于水或溶解度很低,又比水轻,因而在水面上形成油膜。这类油膜用常规的水中油分析仪不易检出,因此国外研发出了水面油膜分析仪,用于城市自来水厂的进水口,水电站,易于发生油污泄漏的河流湖泊断面,工业尤其是炼油、石化企业污水排放口,进行水面油膜的监测。其中比较有代表性的是日本 DKK 公司研发的(S)ODL 系列水面油膜分析仪,利用激光反射技术监测水面形成的油膜,其外观如图 8.36 所示。

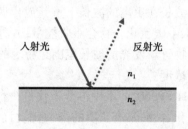

图 8.36　日本 DKK 的水面油膜分析仪　　　　图 8.37　光线反射

根据菲涅耳方程可知:光线在两种折射率不同的介质界面上的反射如图 8.37 所示,其反射率 r 可使用公式(8.9)来表达。

$$r = \left(\frac{n_2 - n_1}{n_2 + n_1}\right)^2 \tag{8.9}$$

其中,$n_2 > n_1$

式中　n_1——空气的折射率;

　　　n_2——水、油等的折射率。

由于不同物质对光的反射率不同(油类物质的反射率比水大)的特性,根据反射回来的光强度来检测水面油膜的有无。表 8.3 列出了不同物质对光的反射率。

表 8.3　各不同物质对光的反射率

物　质	反射率/%	与水的反射率之比	物　质	反射率/%	与水的反射率之比
空气	0.00	0.00	二甲苯	4.00	1.99
水	2.01	1.00	石蜡	3.75	1.87
汽油	2.78	1.38	亚麻油	3.75	1.87
Kero	3.37	1.68	橄榄油	3.62	1.81
柴油	3.37	1.68	可可油	3.37	1.68
重油	3.37	1.68	大豆油	3.62	1.81
苯	4.00	1.99	鲸鱼油	3.62	1.81
甲苯	4.00	1.99	鳕鱼油	3.75	1.87

SODL-1600 水面油分析仪的探头安装在水面以上 0.3 ~ 2 m 的位置,通过激光光源发出激光照射到水面上,由于不同物质对光的反射率不同(油类物质的反射率比水大)的特性,根据反射回来的光强度来检测水面油膜的有无。检测器内部由半导体激光光源、激光扫描仪、

抛物镜面和光二极管检测器构成的光学系统和电路部分组成。检测时,光源发出激光,通过扫描仪周期性的在 *X-Y* 轴方向进行激光扫描,使光束能垂直照射到水面上。光束遇水面后反射至抛物镜面,再由镜面将放射光聚焦至光检测器。SODL-600 水面油膜分析仪的检测原理如图 8.38 所示。

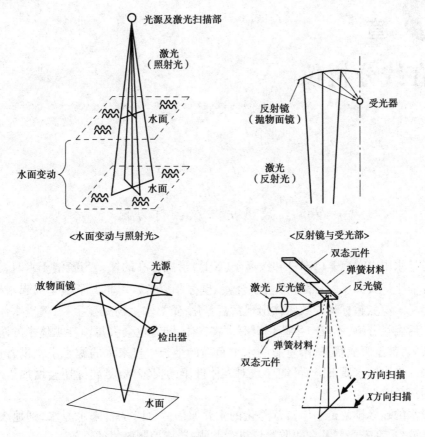

图 8.38　SODL-1600 水面油膜分析仪检测原理

由于该类型水面油膜分析仪是非接触式测量,不使用电机旋转及滑动的电气触点,直接对激光进行扫描,不存在消耗件,故其日常维护工作非常小,只需定期检查激光光源即可,能够实现长时间、高可靠性的连续监测。此外,由于采用激光扫描,即使水面上有异物及气泡,油膜出现分散或弯曲,也能够进行准确监测。

该油膜监测仪可应用于工业污水的排放口监测、城市自来水厂入水口监测、水电站水轮机的进水监测、石油泄漏监测等。

第9章
氨氮在线分析仪

9.1　氨氮定义及国标方法

氨氮是指水中以游离氨(NH_3)和铵离子(NH_4^+)形式存在的氮。当氨溶于水时,其中一部分氨与水反应生成铵离子,一部分形成水合氨,也称非离子氨。非离子氨是引起水生生物毒害的主要因子。氨氮超标将导致水体出现富营养化,藻类水生物疯狂生长,覆盖水体表面,大量藻类死亡后腐烂分解,不仅产生硫化氢等有害气体,同时也会大量消耗水体中的溶解氧,使水体成为缺氧,甚至厌氧状态,严重影响水中鱼类的生长。自来水的源水中氨氮含量较高也会导致自来水出水的水质下降,可能导致对人体健康的损害,氨氮超标还会增加给水消毒杀菌处理的用氯量。

氨氮废水的超标排放是水体富营养化的主要原因,因此,从自来水原水,到地表水,再到污水厂的排放口,都需要氨氮在线监测仪进行监测,严格控制氨氮的排放。

常见的氨氮在线分析仪按照采用的测量原理不同,可分为比色法、气敏电极法,离子选择电极法。这些氨氮在线分析仪都有各自的特点以及应用领域,一般说来,比色法多用于检测较为干净的水体,而离子选择电极则用于生物反应池中氨氮的过程控制。

氨氮测定的国家标准方法主要有两种:HJ 536—2009《水质 氨氮的测定 水杨酸分光光度法》和 HJ 535—2009《水质 氨氮的测定 纳氏试剂分光光度法》。其原理分别为:

①水杨酸分光光度法:在碱性介质(pH=11.7)和亚硝基铁氰化钠存在下,水中的氨、铵离子与水杨酸盐和次氯酸离子反应生成蓝色化合物,在697 nm处用分光光度计测量吸光度。

②纳氏试剂分光光度法:以游离态的氨或铵离子等形式存在的氨氮与纳氏试剂反应生成黄棕色络合物,该络合物颜色的深浅与氨氮的含量成正比,于波长420 nm处测量吸光度。

由于纳氏试剂中所含有的二氯化汞($HgCl_2$)和碘化汞(HgI_2)为剧毒物质,故而一般推荐使用水杨酸分光光度法测定水中的氨氮浓度。

9.2 比色法氨氮在线分析仪

9.2.1 比色法氨氮在线分析仪测量原理

比色法氨氮在线分析仪基于水杨酸分光光度法的原理,为防止样品浊度的干扰,一般同时还将测量光与波长为 880 nm 的散色光进行参比。基于这种测量原理的在线氨氮分析仪具有检出限低的优点,在测量较为干净的地表水或饮用水时,是非常适用的。

但是同时在测量污水时也会遇到麻烦:污水的浊度和色度会对分光光度法的测量产生严重的干扰,污水中的某些成分也可能与试剂产生显色反应,影响了测量的准确度。

为了满足在线测量污水中氨氮的需要,市场上出现了一些改良的比色法氨氮分析仪,如"逐出比色法"在线氨氮分析仪。仪器采用"逐出法"对污水样品进行处理后,进行比色测量。其测量原理是:将少量的浓氢氧化钠溶液(逐出液)加入被测液体中,当 pH 值大于 11 时,将样品中的铵根离子转换成 NH_3 气而被逐出,再进行测量,便可获得样品中氨氮的含量。而溶解性的氨氮低于氨氮总量的 0.1%,是可以忽略不计的。

这种方法与传统的方法相比,具有维护量小、量程宽、运行费用低、耐色度和浊度干扰、无须频繁校准等优点。

9.2.2 比色法氨氮在线分析仪主要结构

下面以美国 HACH 公司,Amtax Compact Ⅱ 氨氮分析仪为例加以介绍。其采用先进的气、液分离技术和比色测量方法,可以提供准确的氨氮测量结果,如图 9.1 所示。

其测量氨氮主要是靠在两个反应瓶中的两步反应来实现的。

逐出瓶反应:$NH_4^+ + OH^- \longrightarrow NH_3 + H_2O$

$$(9.1)$$

比色池反应:$NH_3 + H^+ \longrightarrow NH_4^+$ $\quad(9.2)$

在逐出瓶中,经过预处理的样品首先和逐出溶液混合,从而将样品中的铵根离子转换成碱性的 NH_3。然后在隔膜泵的作用下,氨气被传送到比色池中,与比色池中的指示剂反应,以改变指示剂的颜色。在测量范围内,其颜色改变程度与样品中的氨浓度成正比,因此通过测量颜色变化的程度,就可以计算出样品中氨的浓度。

图 9.1 HACH 公司 Amtax Compact Ⅱ 氨氮分析仪

如图 9.2 所示,在每一个测量周期的开始阶段,为了彻底清除上一次测量的残余物,仪器将先用待测样品冲洗逐出瓶。然后,待测样品、逐出溶液和指示剂分别被送到逐出瓶和比色池中,此时,在比色池中 LED 光度计进行清零测量,在逐出瓶中,样品和碱性的逐出液在空气气泡的作用下充分混合并发生反应产生的氨气被隔膜泵全部传送到比色池,从而改变指示剂的颜色。经过一段时间显色稳定后,LED 光度计再次对样品进行测量,并与反应前的清零测量值进行参比,从而计算出氨氮的浓度值。

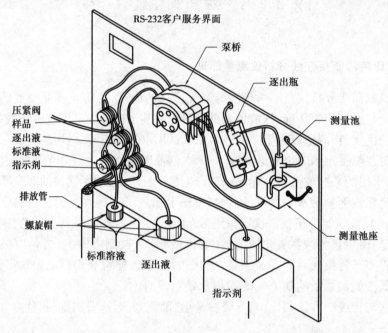

图9.2　逐出比色法氨氮在线分析仪的原理结构

　　逐出比色法氨氮在线分析仪的整体结构如图9.3所示,主要由电气单元和分析单元组成。显示屏幕和操作键盘在仪器的面板上,分析单元包括试剂有透明的保护面板保护,一般情况下保护面板关闭,保证分析单元不受外界的干扰和影响。

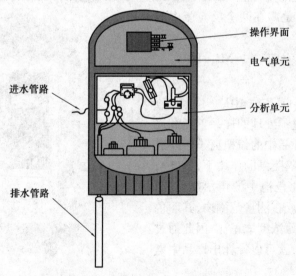

图9.3　逐出比色法氨氮在线分析仪的整体结构

　　逐出瓶(图9.4)和比色池(图9.5)都是由高级玻璃制成的,可以非常容易从分析单元面板上的支座上拆下,便于清洗维护,保证测量的准确和稳定。

　　湿度传感器(图9.6)可以监测分析仪分析单元底部是否有液体,起到监测漏液的作用。

如果两根电极的电导率有明显上升,说明有液体被检测到,传感器会把分析仪关掉,并且在显示屏上显示仪器漏液的警报信息。发生这种情况时,需要找到引起漏液的原因,并且采取措施方可重新启动分析仪。

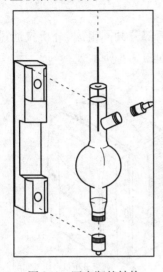

图9.4　逐出瓶的结构

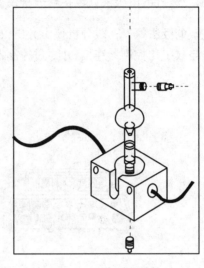

图9.5　比色池的结构

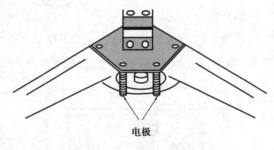

电极

图9.6　湿度传感器

9.3　气敏电极法氨氮在线分析仪

9.3.1　气敏电极法氨氮在线分析仪测量原理

　　由于在污水中,氨气敏电极透气膜的工作状态会受到污水(尤其是胶汁状污水)的破坏,电极寿命也会大大缩短,故而一般也需要使用"逐出法"进行预处理。样品首先被加入碱性的试剂,使得 pH 值在 12 左右,此时,水中的铵根离子全都转化为氨气逸出。通过活塞泵将逸出的全部气体都转移至氨气敏电极处,在氨气敏电极的一端有一层 PTFE 材料的选择性渗透膜,只允许氨分子通过进入电极内部。气敏电极内充满了氯化铵电

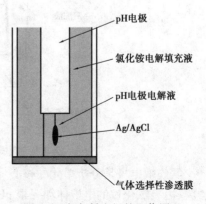

pH电极

氯化铵电解填充液

pH电极电解液

Ag/AgCl

气体选择性渗透膜

图9.7　氨气敏电极的工作原理

103

解液,氨分子穿过选择性渗透膜后与电解液发生反应,导致电解液的 pH 值发生变化,气敏电极内部的 pH 电极测量出 pH 值的变化量,即可计算出氨氮的浓度。基本原理如图 9.7 所示。

9.3.2　气敏电极法氨氮在线分析仪仪器结构

气敏电极法氨氮在线分析仪由分析仪和数字化控制器两部分共同组成,分析仪通过数字化接口与数字化控制器连接,并通过控制器为分析仪供电,如图 9.8 所示。

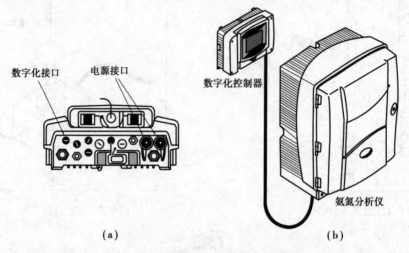

图 9.8　氨氮分析仪与数字化控制器

分析单元主要由活塞泵、阀组、气敏电极和试剂组成,如图 9.9 所示。

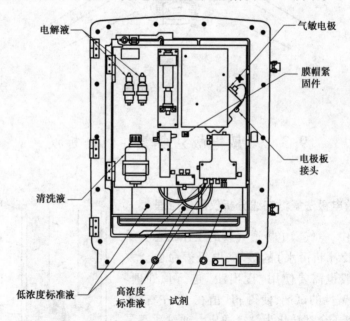

图 9.9　气敏电极法氨氮在线分析仪的分析单元

氨气敏电极是分析单元的核心元件,主要有三部分组成,包括最前端的氨分子选择性渗透膜、内装氯化铵的电极体和一根 pH 电极,如图 9.10 所示。

104

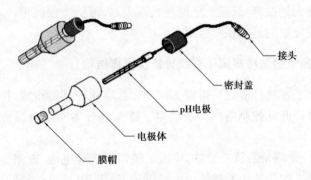

图 9.10　氨气敏电极的结构

9.3.3　气敏电极法氨氮在线分析仪的仪器校正

由于电极易发生漂移,故而气敏电极法氨氮在线分析仪一般需要按设定的时间间隔进行校正。校正包括一个零点和高低 2 种浓度的标准溶液的校正,以保证电极不发生漂移。

9.4　离子选择电极法铵根离子在线分析仪

9.4.1　离子选择电极法铵根离子在线分析仪测量原理

铵离子选择电极前端有离子选择性透过膜,铵离子得以透过膜与电极和电解液发生电化学反应,为了比较电极发生反应后电势的变化,需要有参比电极,因此使用一根差分 pH 电极作为参比电极。除此以外,钾离子的存在以及温度的变化都会对离子选择电极的测量结果产生影响和干扰,因此,还使用了钾离子选择电极测量钾离子浓度,温度电极测量温度,并与铵离子选择电极的测量值进行相互补偿和平衡,保证铵离子浓度测量的尽量准确。其原理如图9.11 所示。

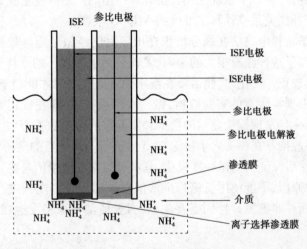

图 9.11　离子选择电极的原理

离子选择电极法无须试剂,只需要定期更换探头芯,维护方便简单。响应速度快,适合用于污水处理厂生物反应池的氨氮在线监测。

9.4.2　离子选择电极法铵根离子在线分析仪仪器结构

离子选择法铵离子在线分析仪是由探头部分和数字化控制器组成,探头与控制器间通过数字接口传输数据并以此从控制器向探头供电。探头部分主要是由探头芯和传感器本体组成的。

探头芯(图 9.12)是测量的核心元件,集成了铵离子选择电极、钾离子选择电极、差分 pH 参比电极和温度电极。探头芯作为整体可以被拆装,当膜、电极或盐桥的寿命到达期限后,可以整个更换探头芯。

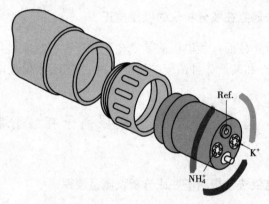

图 9.12　离子选择电极法铵根离子在线分析仪探头芯的结构

9.4.3　离子选择电极法铵根离子在线分析仪仪器的校正

铵离子选择电极法在线分析仪采用矩阵式的系统校正,即将铵根离子选择电极、钾离子选择电极、pH 电极和温度电极的值作为一个系统,实际得出的 NH_4^+-N 浓度是根据这个系统中 4 个电极测量的数值作为一个系统互相补偿计算得出的。矩阵校正就是调整这个系统中 4 个电极测量值的相互补偿关系来计算出准确的 NH_4^+-N 浓度。

一般来说,铵离子选择电极法在线分析仪在出厂时已经做了矩阵校正,但是在实际水样中,各种其他成分对离子选择膜有很大的影响,尤其是污水处理厂的水样当中,一般还需要进行手动的一点或两点校正。校正时,膜需要在混水中适应数小时才能趋于稳定。为了补偿混合水对膜的影响,要根据实验室的实验数据,做一次现场校正,即在校正菜单里,输入当时的样品的实验室数据。一旦发现探头显示的数据和实验室的分析数据有较大的差别时,应该重新输入校正数值。一般推荐在探头入水浸泡 12 h 后进行一次一点的现场手工校正,一周后再进行一次两点校正,然后保证每周做一次校正,基本可以保证测量值与实验室数据较为吻合。

由于测量原理的原因,不能使用氨氮标准溶液对铵离子选择电极进行校正,因为该分析仪测量的是铵离子,而并非氨氮。特别需要注意的是,请勿将探头浸泡在纯净水或去离子水中,造成探头损坏。

9.5　氨氮在线分析仪的应用

(1)污水处理工艺中生物脱氮优化控制

由于水体富营养化的日益严重,污水处理厂对脱氮除磷的要求越来越严格,生物脱氮除磷已经成为市政污水处理厂工艺中首要考虑的问题之一。

生物脱氮的基本原理是通过活性污泥中的某些特定的微生物群体,在特点的环境下将水中的有机氮和氨氮转换成氮气逸出最终达到脱氮的目的。生物脱氮包括三个阶段,首先氨化细菌将水中的有机氮转化为氨氮,这个过程称为氨化过程。其次,由硝化细菌在好氧的条件下将氨氮转化为硝氮,称为硝化过程。最后,在反硝化过程中,反硝化细菌在缺氧的条件将硝氮转化为氮气,使其从水中逸出,达到脱氮的目的。

硝化过程由于需要好氧的条件,因此在一般的活性污泥工艺中,都设置了好氧池或好氧区,通过曝气设备向水中充入大量空气或氧气,保证硝化过程的进行。在早期,污水处理厂对于曝气量的控制调整通常依据设计时的参数或经验,这样常常导致硝化的效率不稳定,时而不能达到要求,时而又曝气过量。由于曝气所需的电能占污水厂日常运行费用的很大部分,因此这种粗放型的控制方式会导致运行费用较高。当自动化控制逐渐被引入污水厂日常运行管理系统中后,逐渐出现了使用溶解氧在线分析仪在曝气区域对曝气量进行反馈控制,根据经验值一般将水中溶解氧控制在 2 mg/L 左右可以基本保证硝化反应的正常进行。但是,水中的溶解氧浓度只是保证硝化反应可以正常进行的一个外部条件,影响硝化反应的因素还有很多,包括 pH 值、温度、有机物浓度、水力停留时间和污泥龄等,只通过溶解氧进行控制还是不能达到非常理想的效果。因此,为了进一步对硝化反应区的曝气量作精细控制,又引入了氨氮在线分析仪与溶解氧在线分析仪进行联合控制的理论。

(2)硝化过程优化控制策略:由氨氮的浓度确定曝气区域的溶解氧浓度

对于大多数城市污水处理厂,主要的曝气能耗是氨氮的硝化,因为大部分的可降解有机物已在反硝化过程中去除。氨氮在溶解氧的作用下转化为硝氮的过程是整个脱氮工艺的限速步骤,污水中氨氮对溶解氧的需求直接反映系统对溶解氧的需求。如图 9.13 所示,通过测得的氨氮浓度和溶解氧浓度,进行叠加控制。调节曝气池总管上的空气阀开启度,控制供氧强度。浓度一般控制在 2 mg/L 左右,以避免浪费能量。同时也避免由于溶解氧浓度过高而使大量溶解氧通过内回流带入到缺氧区。

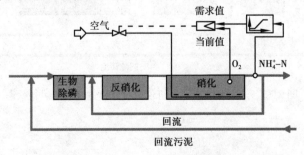

图 9.13　氨氮和溶解氧联合控制曝气

如图 9.14 所示,在硝化池末端安装溶解氧和氨氮分析仪,对溶解氧和氨氮进行实时监控。当溶解氧浓度高于 2 mg/L 时,鼓风机关闭节约能耗,其中氨氮浓度维持在一个相对稳定的水平上。

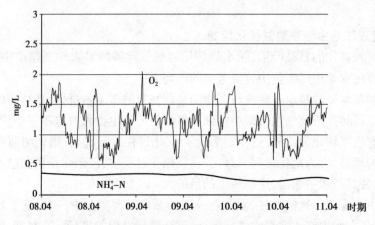

图 9.14　曝气池溶解氧与氨氮的实时监控图

(3)硝化过程优化控制策略:通过氨氮在线分析仪控制好氧过渡区的体积

通过在线监测氨氮的浓度值,来选择过渡区的运行状态(曝气还是搅拌)。比如北方地区冬季温度较低,硝化过程受抑制,即使在增加硝化区容积条件下,仍不能有效地降低出水氨氮的浓度,而曝气池中的溶解氧浓度已经超过 2 mg/L。此时应通过溶解氧浓度的在线测定限制供氧强度,使溶解氧浓度控制在 2 mg/L 左右;当氨氮浓度出现下降时,供氧强度再转换到由氨氮浓度进行控制。

如图 9.15 所示,当溶解氧浓度足够,但氨氮浓度仍不能满足出水要求时,应增加硝化区的容积,此时好氧过渡区作为硝化用;如氨氮浓度已经很低,则好氧过渡区应作为反硝化用,以尽可能多地进行反硝化。通过这种控制措施,可以根据不同的进水负荷和条件,自动地改变硝化区和反硝化区的容积比例,以最大限度地满足硝化和反硝化的要求。

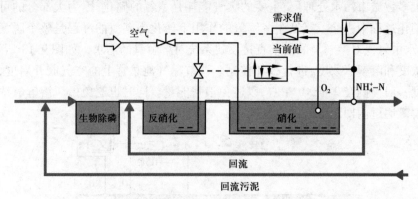

图 9.15　通过氨氮在线分析仪控制好氧过渡区的运行状态

第10章
硝氮在线分析仪

10.1 硝氮定义及国标方法

硝态氮,简称硝氮,作为环境污染物而广泛地存在于自然界中,尤其是在气态水、地表水和地下水中以及动植物体与食品内。硝酸盐在人体内也可被还原为亚硝酸盐,亚硝酸盐还会形成亚硝胺类,在人体内达到一定剂量时可致癌,大量亚硝酸盐还会使人直接中毒,严重影响人体健康。环境中硝酸盐与亚硝酸盐的污染来源很多,化肥施用、污水灌溉、垃圾粪便、工业含氮废弃物、燃料燃烧排放的含氮废气等在自然条件下,经降水淋溶分解后形成硝酸盐,流入河、湖并渗入地下,从而造成地表水和地下水的硝酸盐污染。在污水处理工艺中,为了实现生物脱氮,也需要在处理过程中对硝态氮的浓度进行监测和控制。故而硝氮在线分析仪可以应用于饮用水、地表水、工业过程水和污水的监测,还可以在污水处理工艺中进行反硝化的优化控制。

目前硝氮测量的主要方法有酚二磺酸分光光度法、紫外分光光度法、电极法、镉柱还原法和戴氏合金法等。由于镉柱还原法和戴氏合金法操作复杂,应用比较少,不再赘述。国标方法为 GB 7480—87《水质 硝酸盐氮的测定 酚二磺酸分光光度法》和 HJ/T 346—2007《水质 硝酸盐氮的测定 紫外分光光度法》。其原理分别为:

①酚二磺酸分光光度法:硝酸盐和亚硝酸盐在无水情况下与酚二磺酸反应,生成硝基二磺酸酚,在碱性溶液中,生成黄色化合物,于 410 nm 波长处进行分光光度测定,根据吸光值计算出硝氮的浓度。

②紫外分光光度法:利用硝酸根离子在 220 nm 波长处的吸收而定量测定硝酸盐氮。溶解性有机物在 220 nm 处也会有吸收,而硝酸根离子在 275 nm 处没有吸收。因此,在 275 nm 处作另一次测量,以矫正硝酸盐氮值。

当用这两种方法只测量硝酸盐氮浓度时,亚硝酸盐便成为干扰物质。

常见的在线硝氮分析仪根据测量原理主要分为两大类:紫外吸收法和电极法。其中离子选择电极主要用于市政污水的生物反应池,生物脱氮优化控制,而其他在饮用水、地表水、市政污水、工业生产过程用水中使用的是紫外吸光法硝氮分析仪。

10.2　紫外吸收法硝氮在线分析仪

10.2.1　紫外吸收法硝氮在线分析仪测量原理

美国 HACH 公司,Nitratax sc 硝氮在线分析仪应用于饮用水、地表水、污水、工业用水等领域,其测量原理为溶解于水中的硝酸根离子和亚硝酸根离子会吸收波长小于 250 nm 的紫外光。这种光学吸收特性为利用传感器直接浸没测量硝酸根离子和亚硝酸根离子浓度提供了可能。因为基于不可见的紫外光来进行测量,所以待测样品的颜色对测量过程没有干扰。由于浊度会导致透光率降低,因此使用了带有浊度补偿功能的双光束光度计,在较长的波长下再测量一个吸光度值,作为浊度的补偿,以此来计算出硝氮浓度。

10.2.2　紫外吸收法硝氮在线分析仪仪器结构

Nitratax sc 硝氮在线分析仪,仪器外部可以看到测量狭缝和自清洗刮片,如图 10.1 所示。

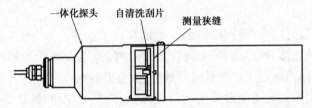

图 10.1　硝氮在线分析仪的外部结构

测量狭缝实际上是变形的比色池,水充满测量狭缝,会有检测的光线穿过并计算其吸光值。

为了避免在某些水质较差的环境中测量狭缝被悬浮颗粒淤积堵塞,影响测量结果,一般都为狭缝装配了自清洗刮片,可以按照设定每隔一段时间就扫过整个测量狭缝,将淤积的颗粒物从狭缝中清除出去。自清洗刮片是由一根传动轴带动旋转清扫的,当刮片使用一段时间后会逐渐被腐蚀,此时应当更换刮片,以保证自清洗的效果(图 10.2)。

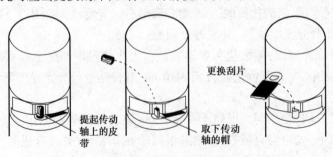

图 10.2　更换自清洗刮片

探头内部的测量单元结构如图 10.3 所示,包括一个宽波长光源、一个光学适配器、一个分光片、两个滤光片和两个检测器。光源发出光线,经过光学适配器整流,穿过测量狭缝中的被测水样,经分光片将光线一分为二,分别透过检测滤光片和参比滤光片,滤去检测波长和参比波长以外的光线,最后被检测器检测到检测波长和参比波长下的光强,推算出狭缝中水样对这两个波长的光的吸光度,进而计算出硝氮的浓度。

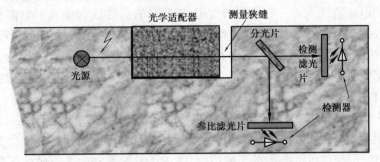

图 10.3　HACH Nitratax sc 硝氮在线分析仪的测量单元结构

硝氮在线分析仪可以进行手动单点校正,将清洗干净的探头放入已知浓度的溶液中,并输入浓度值进行单点校正。

除此以外,为了调整与实验室方法的系统性偏差,还可以对零点和曲线斜率进行微调。

10.3　离子选择电极法硝氮在线分析仪

硝酸根离子选择电极与铵根离子选择电极的原理、结构均即为相近,所不同的为探头前端的离子选择性透过膜能使硝酸根离子得以透过膜,并与电解液发生电化学反应。除此以外,氯离子的存在以及温度的变化都会对硝酸根离子选择电极的测量结果产生影响和干扰,因此,还使用了氯离子选择电极测量氯离子浓度,温度电极测量温度,并与硝酸根离子选择电极的测量值进行相互补偿和平衡,尽量保证硝酸根离子浓度测量的准确。其他部分与铵根离子选择电极类似。

10.4　硝氮在线分析仪在自动化控制系统中的应用

(1)污水处理工艺中生物脱氮优化控制
在污水处理工艺中,反硝化过程由于需要在缺氧的条件下才能使反硝化细菌将硝氮作为电子受体,将其还原成氮气,因此大多数的活性污泥工艺都设置了缺氧池或缺氧区,以完成反硝化反应。反硝化过程能否顺利进行,除了要求有缺氧的环境,还需要充足的有机物作为反硝化细菌的碳源,才能获得较高的反硝化速率。由于脱氮过程需要先进行硝化再进行反硝化,如果按照这个顺序布置构筑物,当污水从硝化区流入到反硝化区时,大部分的有机物已经在之前的过程中都被降解了,往往没有充足的有机物作为反硝化细菌的碳源,影响了反硝化过程的顺利进行。为了解决这个问题,人们采用了两种方法。一种是在反硝化区域人为地投加碳源,通常是以甲醇与乙酸钠为主。另一种是改变工艺,将反硝化区域移至硝化区域的前端,使得污水先流入反硝化区域,保证了水中有较高的有机物可以作为反硝化细菌的碳源;另一方面,设置内回流管道,将硝化区已经硝化完成的含有大量硝氮的水回流至反硝化区,进行反硝化,实现最后的脱氮。如果投加碳源,则对于污水厂而言又增加了运行费用;如果不投加碳源,而采用反硝化前置的工艺,将硝化液内回流,则回流比是非常重要的参数,如果回流量过大,回流泵的电能消耗也是一笔不小的费用,同时还有可能因为碳源不足而无法将回流的硝酸盐全部反硝化。如果只使用溶解氧和 ORP 在线分析仪对反硝化进行监测控制,则只能保证反硝化区域的溶氧环境适宜反硝化反应,但是无论是人为投加的碳源量,还是回流硝化液的回流比,都无法进行控制。因而引入了硝氮在线分析仪对反硝化的优化控制。

(2) 反硝化过程优化控制策略:以硝氮浓度控制硝化液内回流

如图 10.4 所示,通过在线测定反硝化区尾部的硝氮浓度,在一定的范围内调节内回流流量,使回流的硝氮恰好能与系统的反硝化能力相匹配,以力求最大程度使硝化过程中产生的硝氮进行反硝化,同时也可避免不必要的回流,造成能量浪费和把大量硝化区的溶解氧通过内回流带入反硝化区而影响反硝化效果。

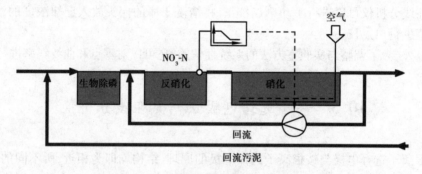

图 10.4　硝氮浓度控制硝化液内回流

(3) 反硝化过程优化控制策略:以硝氮浓度控制外部碳源的添加

如图 10.5 所示,硝氮在线分析仪设置在缺氧区(前置反硝化区)的最后一格内。根据所测得的缺氧区出水的硝氮浓度,结合测定的进水流量,即可调节内回流的流量。如果所测定的硝氮浓度呈上升趋势,则表明所回流的硝氮可能由于进水碳源不足等原因超过了系统的反硝化能力,此时应减少内回流流量,以避免浪费能量,同时减少由内回流带入缺氧区的溶解氧量;反之,如硝氮浓度下降,则应提高内回流流量,以最大程度利用系统的反硝化能力将硝化区形成的硝酸盐氮进行反硝化。

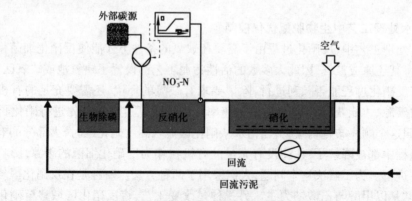

图 10.5　硝氮浓度控制外部碳源的添加

第 11 章
总氮在线分析仪

11.1　总氮定义及国标方法

　　总氮包括溶液中所有含氮化合物,即亚硝酸盐氮、硝酸盐氮、无机盐氮、溶解态氮及大部分有机含氮化合物中的氮的总和。大量的生活污水、农田排水或含氮工业废水排入天然水体中,使水中有机氮和各种无机氮化物的含量增加,生物和微生物大量繁殖,消耗水中的溶解氧,使水体质量恶化。若湖泊、水库中的氮含量超标,会造成浮游植物繁殖旺盛,出现水体富营养化状态。因此,总氮是湖泊富营养化的关键限制因子之一,也是衡量水质的重要指标之一。目前,我国为了防止湖泊、水库和近岸海域等的富营养化,实施了总氮的排放控制。因此在线的总氮分析仪是对水体中总氮监测的最佳选择。目前主要应用的领域有:地表水监测,污水处理达标排放和工业循环水控制等。

　　测量总氮的国家标准方法为 HJ 636—2012《水质　总氮的测定　碱性过硫酸钾消解紫外分光光度法》。具体原理为:在 60 ℃以上水溶液中,过硫酸钾可分解产生硫酸氢钾和原子态氧,硫酸氢钾在溶液中解离而产生氢离子,故在氢氧化钠的碱性介质中,可促使过硫酸钾分解过程趋于完全,并持续分解出的原子态氧。在 120～124 ℃条件下,可使水样中含氮化合物中的氮元素转化为硝酸盐,并且在此过程中有机物同时被氧化分解。可用紫外分光光度法于波长 220 nm 和 275 nm 处,分别测出吸光度 A_{220} 及 A_{275},按式(11.1)求出校正吸光度 A:

$$A = A_{220} - 2A_{275}（其中 A_{275} 为浊度补偿）\tag{11.1}$$

再按 A 的值查校准曲线并计算总氮含量。

　　该方法适用于地表水、地下水、工业废水和生活污水中总氮的测定。值得注意的是,该方法易受溴化物和碘化物的干扰。

11.2 过硫酸钾消解紫外分光光度法总氮在线分析仪

11.2.1 过硫酸钾消解紫外分光光度法总氮在线分析仪测量原理

在线监测总氮的方法主要是碱性过硫酸钾消解紫外分光光度法。其主要过程是:在样品中加入过硫酸钾溶液,在120℃条件下,加热30 min消解,将氮转变成硝酸根离子,然后把样品放到酸性溶液(pH值2~3)中,测量波长为220 nm下,硝酸根离子在紫外光区的吸收值。此外,由于试样中或多或少受有些有机物和悬浮物质的影响,为了去除这些干扰因素,利用双波长法对试样进行浊度补偿,测量干扰物质在275 nm光波下的吸收,计算出总氮的含量。此方法完全符合国家标准方法。

11.2.2 过硫酸钾消解紫外分光光度法总氮在线分析仪仪器结构

下面以日本DKK公司NPW 160H总氮在线分析仪为例,简单介绍基于国标碱性过硫酸钾分光光度法的总氮在线分析仪的结构。仪器的内部结构如图11.1所示。其分析单元的关键结构包括以下几个部件。

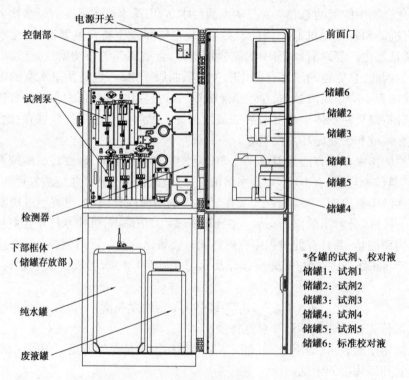

图 11.1 DKK 公司 NPW160H 内部结构图

(1)检测器

NPW160H总氮在线分析仪内置多波长检测器由光源、流通池、分光计组成,如图11.2所示。光源为多光源,包含一个重氢灯(D2灯)和一个钨灯(W灯)对齐排列在同一光轴上。流通池由石英玻璃制成,常用有两种规格:一种为 10 mm 光程的流通池,适合检测高浓度总氮,如污水厂的出入口等;另一种为 20 mm 光程流通池,适合检测低浓度总氮,如地表水和自来水等。分光计的受光部采用 2 048 像素的线性阵列检测器,无须可移动部件可实现 220~880 nm 的分光(其中 700 nm 用于总磷的检测)。

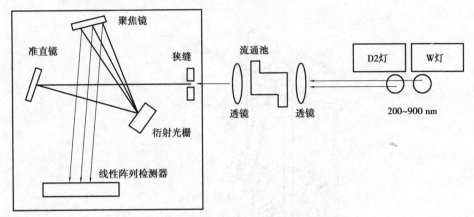

图 11.2　DKK 公司 NPW160H 检测器结构图

(2)试剂泵

为了精确计量试剂,采用活塞泵计量试剂。通过凸轮的转动带动活塞注射器上下运动、抽取试剂。试剂计量由凸轮转动圈数决定。NPW160H 试剂泵泵单元结构如图 11.3 所示。

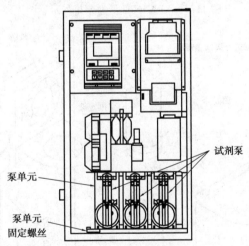

图 11.3　NPW160H 试剂泵泵单元结构示意图

需要注意的是,在仪器第一次运行前及维护作业后,为了排尽注射器内的空气,需要手动使活塞上下运动,直至试剂从注射器中排出,将注射器内的空气排出(图 11.4)。

(3)加热槽

图 11.5 为加热分解槽的结构图,加入过硫酸钾溶液的试剂到加热管中,然后在加热槽内于 120 ℃加热消解 30 min,将氮化合物全部氧化为硝酸根离子。加热管盘绕于加热槽外围,加热时,水样均匀分布在加热槽外圈的加热管中。

总磷/总氮在线分析仪采用 4~20 mA 模拟输出,数字通信采用 RS-485 通信协议。此协议决定了每个控制器需要知道它们的设备地址,识别按地址发来的消息,决定要产生何种行动。如果需要回应,控制器将生成反馈信息按本协议发出。RS-485 采用平衡发送和差分接收,因此具有抑制共模干扰的能力。RS-485 采用半双工工作方式,任何时候只能有一点处于发送状态,因此,发送电路须由使能信号加以控制。RS-485 用于多点连接时非常方便,可以省掉许多信号线。应用 RS-485 可以联网构成分布式系统,其允许最多并联 32 台驱动器和 32 台接收器。

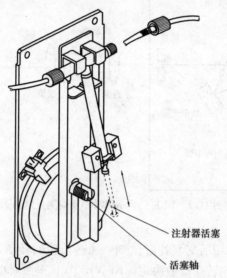

图 11.4 NPW160H 活塞泵排气示意图

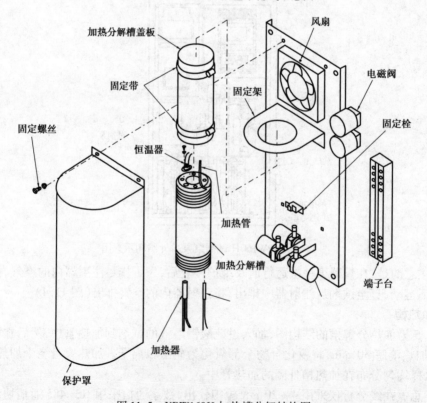

图 11.5 NPW160H 加热槽分解结构图

在开始测量前仪器需要记录测量的参考值,零点系数和量程系数。因此,必须进行零点校正和量程校正。分别使用纯水用于零点校正和硝酸钾溶液作为量程标准液。

11.3　其他总氮在线分析仪

除了符合国标碱性过硫酸钾分光光度法的总氮在线分析仪之外,市场上也存在一些原理上稍有差异的总氮在线分析设备,比较主流的有聚光科技 TN-2000 等。

聚光 TN-2000 总氮在线分析仪基于碱性过硫酸钾氧化紫外分光光度法,采用其专利的顺序注射平台,拥有试剂消耗量小,样品和试剂体积定量精确,重复性好等优点,与手工分析具有很好的相关性。

除此之外,市面上也存在一些使用非国标方法的总氮在线分析仪,如过硫酸钾在低温下(60 ℃ 或 80 ℃)紫外线照射下进行消解,或高温氧化—化学发光法。由于其方法与国标方法有所差别,并不是主流的总氮在线分析仪采用的方法,故而在这里不一一累述。

11.4　总氮在线分析仪的应用

环境监测中心的水质自动监测站主要监测项目为五参数、高锰酸盐指数、氨氮、总磷、总氮等参数。远程监控水质自动监测站运行状况,进行实时监测数据、报警记录和数据报表等。遇到污染时,可及时起到预警作用。故而监测站的水质分析小屋中安装了总氮在线分析仪,对水中的总氮进行在线监测。保证水体中总氮含量符合标准,及时预警水体富营养化及趋势。

总氮分析仪能够长期无人值守地自动监测各种水质中的总氮,可广泛应用于水质自动监测站、自来水厂、排污监控点、地区水界点、水质分析室以及各级环境监管机构对水环境的监测。图 11.6 所示为某水质自动监测站分析小屋中的总氮在线分析仪。

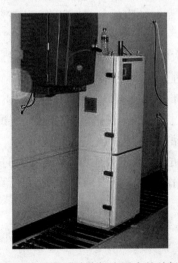

图 11.6　某水质自动监测站分析小屋中的总氮在线分析仪

第12章

总磷及正磷酸盐在线分析仪

12.1　总磷及正磷酸盐定义及国标方法

水中磷绝大多数以各种形式的磷酸盐存在,主要分以下 3 类:

①正磷酸盐:即 PO_4^{3-}、HPO_4^{2-}、$H_2PO_4^{-}$。

②缩合磷酸盐:包括焦磷酸盐、偏磷酸盐、聚合磷酸盐等,如 $P_2O_7^{4-}$、$P_3O_{10}^{5-}$、$HP_3O_9^{2-}$、$(PO_3)_6^{3-}$ 等。

③有机磷化合物。

总磷是水样经消解后将各种形态的磷转变成正磷酸盐后测定的结果。在水中,磷是主要的营养盐物质之一,但过多会使水体出现富营养化现象,其主要来源为生活污水、化肥、农药等,因此必须控制磷的排放,缓解水体富营养化的程度。总磷、正磷酸盐在线分析仪主要应用于地表水、生活污水、工业废水磷含量的监测,还可以用于水工业循环水总磷、正磷连续自动监测,不仅在工业过程中能够控制缓蚀阻垢剂自动添加,节省药剂,同时也起到对水体中磷的控制。

总磷在线分析仪一般有两大领域中的应用:污水处理达标排放和工业循环水控制。在线的正磷分析仪表则用于污水处理过程中除磷的控制。

现行的总磷测量的国家标准方法为 GB 11893—89《水质 总磷的测定 钼酸铵分光光度法》,其原理为在中性条件下用过硫酸钾(或硝酸-高氯酸)使试样消解,将所含磷全部氧化为正磷酸盐。在酸性介质中,正磷酸盐与钼酸铵[$(NH_4)_6Mo_7O_{24} \cdot 4H_2O$]反应,在锑盐存在下生成磷钼杂多酸后,立即被抗坏血酸($C_6H_8O_6$)还原,生成蓝色的络合物。将反应后的水样通过分光光度计测得其吸光度,在工作曲线中查取磷的含量,并计算出总磷的含量。

12.2　正磷酸盐在线分析仪

由于总磷的测定过程与总氮的测定过程类似,都使用了过硫酸钾作为消解剂。故而市面上的总氮、总磷在线分析仪表使用了一体化设置,以降低成本。其内部结构也与总氮在线分析仪类似,故而其详细说明可参照总氮在线分析仪结构。

12.2.1　正磷酸盐在线分析仪测量原理

正磷酸盐在线分析仪一般用于水处理过程中的除磷控制,由于其参与过程控制的特殊性,故而一般使用操作方便,分析时间短、干扰少的钼黄法来测定磷酸根的含量,更适合过程控制。其原理为在酸性条件下,磷酸盐与钼酸盐、偏钒酸盐反应生成黄色化合物,此黄色深浅与磷酸盐浓度成正比,采用分光光度法进行测量可得到正磷酸盐浓度。

12.2.2　正磷酸盐在线分析仪的结构组成

以美国 HACH 公司 Phosphax sc 正磷酸盐分析仪为例,简单介绍一下其主要结构。其分析单元(图 12.1)主要由比色池、空气泵、管路及捏阀组成,由仪器控制空气泵、捏阀的启动和停止,从而实现提取样品、试剂并将其送入比色池,然后由仪器控制加热温度及时间对试剂和样品的混合液进行高温加热,反应结束后进行比色读出相应的吸光度并通过计算得出正磷酸盐的数据。

图 12.1　Phosphax sc 正磷酸盐分析仪分析单元内部结构图
1—双光束 LED 光度计,使用经过验证的比色法(黄色),两种量程;2—空气泵可以传输液体;
3—剂量泵供试剂使用;4—清洗溶液;5—试剂

(1)消解比色池

消解比色池的结构如图 12.2 所示,该装置是一个消解装置,由一个比色池和光度计组成,而光度计是此仪器的测量核心部件。正磷酸盐分析仪在测量正磷酸盐时所有的化学反应都在这部分进行,包括加温、消解、比色。试剂与水样在比色池中混合后,经过加温反应后,通过冷却后比色计进行比色,从而得出测量数据。

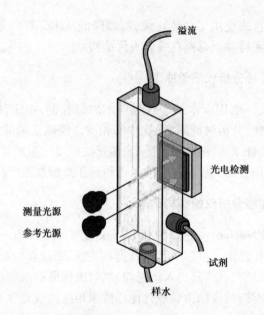

图 12.2　Phosphax sc 正磷酸盐分析仪的比色池示意图

（2）预处理系统

正磷酸盐的主要应用点是脱氮除磷工艺的控制,也可以应用在水厂出口或者循环冷却水系统,当待测水水质很脏的时候就需要预处理器进行过滤,过滤后的水再送到分析仪进行分析(图 12.3)。

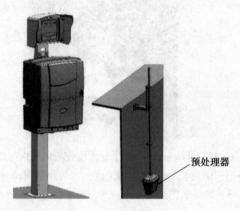

图 12.3　正磷酸盐在线分析仪安装布置图

12.3　总磷及正磷酸盐在线分析仪的应用

污水中的磷有很多存在形式,但主要为正磷酸盐 PO_4^{3-}-P、聚磷酸盐和有机磷。进入处理厂的污水中,绝大部分聚磷酸盐和有机磷被水解或者矿化成了 PO_4^{3-}-P。污水中剩余的有机磷和聚磷酸盐在进入生物处理系统后,也将被矿化成 PO_4^{3-}-P。20 世纪 70 年代中期,人们在传统的活性污泥工艺运行管理中发现一类特殊的兼性细菌,在好氧状态下能超量的将污水中的磷吸入体内,使体内的含磷量超过 10%,有时甚至高达 30%,而一般的细菌体内的含磷量只有 2% 左右,因此这类细菌被称为聚磷菌,并广泛应用于污水处理厂中用来除磷。其除磷的机理就是利用聚磷菌在厌氧情况将体内贮存的聚磷酸盐以 $PO_4^{3-}-P$ 的形式释放出来,以便获得能量。在好氧状态下"饥饿"的聚磷菌将体内贮存的有机物氧化分解,产生能量,同时将水体中正磷酸盐 $PO_4^{3-}-P$ 超量摄取,以聚磷酸盐的形式贮存起来,这样就将水中的磷转移到聚磷菌体内,然后通过控制排泥,将含磷的剩余污泥排放,也就实现了水中除磷的目的。

A–O 生物除磷工艺效果运行的好坏除了要控制好溶解氧的多少、回流比、剩余污泥排放量等参数外,更加直接的方式就是通过在好氧段进行正磷酸盐的含量检测,使我们对聚磷菌的工作效率一目了然。

除了在污水的生物除磷过程中,正磷酸盐在线分析仪在化学除磷中同样重要(图 12.4)。可利用其检测化学除磷出水正磷酸盐浓度,并与出水设定值匹配,用来反馈化学除磷药剂投加量。当浓度发生变化时,能够迅速做出响应,特别是出现进水峰值时,也能确保出水不会违反限值规定。同时能够优化化学除磷药剂用量,降低除磷成本以及污泥排放量。

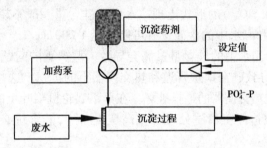

图 12.4 化学除磷过程的闭环控制

第 13 章
硅酸根分析仪

　　硅是自然界中含量第二丰富的元素。大部分水体中都含有硅的化合物,通常以二氧化硅(SiO₂)或硅酸盐(SiO_4^- 和 SiO_3^{2-})的形式出现。水中的硅含量一般不超过 30 mg/L,但也有超过 100 mg/L 的,如盐水和海水中的含硅量有可能超过 1 000 mg/L。水中硅化物的存在是造成水垢的原因之一,工业用水中的硅含量过高会导致一些严重的问题,主要是锅炉和涡轮机的用水。高温和高压会导致硅在锅炉管道和热交换器上的沉积。这些玻璃状的沉积物会降低热交换器的效率,导致热交换器的过早破坏。在蒸汽涡轮机桨叶上的硅沉积物会降低涡轮机的效率,并且会造成被迫停工清洗处理。在高压设备中,硅含量必须控制在 0. 005 mg/L以下。

　　另外,硅表的重要应用是用于纯水/除盐水工艺中阴床或混床的再生报警。由于二氧化硅在阴床或混床中的吸附性能强于常规水体中的阴离子,故当混床或阴床产水出口监测到硅含量超标后就指示混床或阴床的离子交换树脂已经交换饱和需要再生,保证了纯化/除盐水的纯度。

13.1　硅的检测方法及原理

　　硅的检测方法主要有分光光度法和重量法。重量法的原理是将一定量的酸化水样蒸发至干,用盐酸使硅化合物转变为胶体沉淀,脱水后经过滤、洗涤、灼烧、恒重等操作,进行水样测定。由于该方法步骤烦琐,应用相对较少,尤其是对于在线分析难以达到快速分析检测的需求。分光光度法分为硅钼蓝分光光度法和硅钼黄分光光度法。硅钼蓝分光光度法的原理是:在 pH 值为 1.2 时,钼酸铵与二氧化硅和水中磷酸盐起反应,生产硅钼杂多酸,加入草酸可破坏磷钼酸,但不能破坏硅钼酸,用 1,2,4-氨基萘酚磺酸将硅钼杂多酸还原为硅钼蓝,其吸光度与二氧化硅浓度成正比。硅钼黄分光光度法的原理是:在 pH 值约 1.2 时,钼酸铵与硅酸反应生成黄色可溶的硅钼杂多酸络合物在一定浓度范围内,其黄色与二氧化硅的浓度成正比可于波长 410 nm 处测定其吸光度求得二氧化硅的浓度。硅钼蓝方法适用于微量硅的测定,用于化学除盐水、锅炉给水、蒸汽、凝结水等锅炉用水中硅的测定。硅钼黄法用于常量硅的测定,如工业循环水。

目前在线硅表通常采用钼蓝法测量水中微量硅的含量,水中微量硅的含量,通常换算成每立升水中所含 SiO_2 的微克数来表示,所以也将其称为二氧化硅分析仪,简称硅分析仪或硅表。市售的硅在线分析仪虽然原理上基本都一样,但在其结构设计、操作方式、仪表维护上均有所不同。HACH Polymetron 在线硅表是国内应用最广泛的品牌。下面就以 HACH 9610 硅表为例来介绍硅表的工作原理,使用维护等方面的信息。

Polymetron 9610 sc 是专门为测量除盐水、凝结水、蒸汽、炉水等样品中二氧化硅而设计的在线分析仪。简单安装、设置和操作,能够提供可靠、准确的测量数据。硅表以数字显示浓度,自动校准,无须特别维护。试剂消耗量小,2 L 试剂可以运行长达 90 d。干净、快速以及简便的试剂更换;故障预诊断工具,避免了因故障而停机。进样和取样功能,可以用哈希实验室产品轻松验证。

13.2 硅表结构组成

硅表仪器(图 13.1)采用模块化设计,包括三大模块:控制模块、分析模块和试剂模块。这种模块化的设计会带来电路安全性高、液路清晰且易维护,减少维护量等益处。

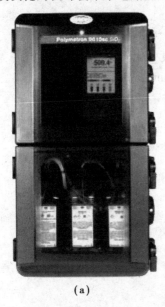
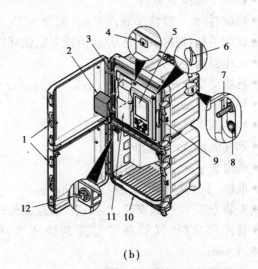

(a)　　　　　　　　　　　　　(b)

图 13.1 Polymetron 9610 硅表结构

1—上门和下门;2—漏斗盖;3—抓样进液漏斗;4—状态指示灯;5—显示屏和键盘;

6—SD 卡槽;7—电源开关;8—电源 LED 指示灯(亮起表示分析仪通电);

9—分析面板;10—试剂瓶托盘;11—比色计盖;12—抓样阀

Polymetron 9610 硅表在试剂供给系统中,采用了独一无二的无泵设计的压力试剂进样系统,采用气动驱动试剂,解决了常规蠕动泵和脉冲泵应用过程中频繁更换管路以及管路堵塞的问题,从而大幅降低维护人员的维护时间和试剂泵的更换成本。

13.3 硅表的工作原理

水样中的二氧化硅与钼酸盐离子在酸性条件下发生反应,生成硅钼酸络合物。添加的柠檬酸破坏磷酸盐络合物,加入氨基酸试剂使黄色的硅钼酸根变成蓝色,并于波长 815 nm 处进行测定,检测颜色的变化,吸光度的大小与二氧化硅浓度成比例。检测并计算后得出浓度值。基于蓝色的络合物的吸光度是黄色络合物吸光度的 7 倍,这大大减少了信号的放大倍数,从而降低了干扰信号对测量结果的影响,从而该方法能够测定微量硅。

13.4 硅表的性能指标与工作条件

Polymetron 9610 硅表的性能指标与工作条件如下:

- 测量范围:0.5 ~ 5 000μg/L;按 SiO_2 计;
- 精确度:0 ~ 500 g/L:读数的±1% 或±1g/L 取较大值;500 ~ 5 000 g/L:±5%;
- 重复性:读数的±0.5 μg/L 或±1%,取较大值;
- 检测下限:0.5 g/L;
- 响应时间:一般情况下,9 min,(温度为 25 ℃)随温度变化而略有改变;
- 试剂消耗:每种试剂每 90 d 消耗 2 L,循环周期 15 min;
- 工作温度范围:5 ~ 45 ℃;
- 环境湿度:5 ~ 95% 无冷凝(仅限室内应用);
- 样品压力:2 ~ 87 psi;
- 样品温度:5 ~ 50 ℃;
- 水样流速:55 ~ 300 mL/min;
- 通道编号:1,2,4,6;可编程;
- 取样:手工进样功能、手工取样功能;
- 安装方式:壁挂式安装、面板式安装或桌面式安装;
- 管径尺寸:采样管和样品旁路排水管:6 mm;空气净化入口:6 mm;化学品排液管:9.5 mm;
- 兼容控制器:SC200,SC1000;
- 电源要求:100 ~ 240 VAC,50/60 Hz;
- 电源输出:4 ~ 20 mA;
- 防护等级:NEMA 4X/IP66。

13.5　硅表的安装及维护

13.5.1　硅表的安装注意事项

硅表应尽量靠近取样点,这样取样管短,由此造成的时滞就小。取样管长时,为减小时滞,便要不停地排放样品水,样品水是经过精制的水,大量排放不仅会造成经济损失,而且会导致样品水的温度更易受环境温度的影响。

环境要求清洁,无腐蚀性气体,湿度低,温度变化小。硅分析仪对环境温度的要求较严格,一般要求在 5 ~ 45 ℃。

安装地点不应有强烈振动。由于硅分析仪结构复杂,灵敏度高,因此极易受振动影响。

日常维护包括日常巡检、定期维护和年度维护,表 13.1 为日常维护任务。

表 13.1　9610 硅表日常维护

任 务	30 d	60 d	90 d	365 d
清洁外表面清洁仪器			X	
清洁样品池			X 或按需要	
更换试剂		Xa	Xb	
更换标准液			Xc	
清洁或更换样品过滤器				X 或按需要
更换风扇过滤器				X 或按需要
更换试剂空气过滤器				X
更换试剂管				X
更换搅拌棒				X
更换样品池				X

注:a:10 min 循环;b:15 min 循环;c:每周校准一次;X:该项需要完成。

9610 硅表配备有 HACH 独家专利的预先自动诊断系统(Prognosys technology)内置辅助功能,警示 LED 灯,及高清晰度彩色屏显示预警功能,自诊断预判功能,能使仪器时时维持在最佳测量状态。

维护指示栏显示需要执行维护任务之前的天数。测量质量指示栏显示分析仪在 0 至 100 刻度内测量时的整体测量健康状况,其指示栏颜色的含义见表 13.2。

表 13.2　指示栏颜色含义

颜　色	维护指示栏的颜色含义	测量质量指示栏的颜色含义
绿色	还有至少 45 d 才需要执行下一次维护任务	系统运行状况良好,健康百分比超过 75%

续表

颜　色	维护指标栏的颜色含义	测量质量指标栏的颜色含义
黄色	随后 10 ~ 45 d 至少需要执行一次维护任务	需要注意系统,防止以后出现故障。健康百分比介于 50% ~75%
红色	随后 10 d 内需要执行一次或多次维护任务	系统需要立即引起注意。健康百分比低于 50%

13.5.2　硅表的试剂的配置及更换

9610 硅表的各种试剂仅需 2 L,便能让仪器连续不间断运行长达 90 d。同时根据需求,可选择低成本的自配试剂或是更精确的哈希预制试剂。9610 所需试剂的配方公开,试剂配置方法操作手册中均有明确介绍,需要注意的是在自配试剂过程中配制溶液需要使用聚乙烯器具,避免玻璃器皿中硅的溶出造成试剂的污染,引入不必要的误差。此外,9610 快速试剂瓶接头设计及标色试剂管,更简易的试剂更换,并减少操作人员更换试剂时接触到试剂(图 13.2)。

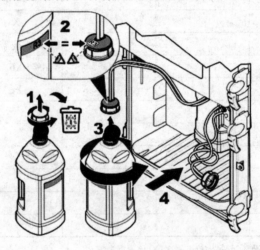

图 13.2　硅表的试剂更换

13.5.3　硅表的仪器校准

为保证测量精度,必须用已知浓度的标准溶液对硅表仪器进行零点标样和量程点标样校验。换试剂后都必须进行基础零点校验以建立一个新的零点基准,以后自动校验零点以此为参照,然后对仪器进行量程点校验。校验后根据两种溶液的光学系统输出,计算出新零点与校验因子值,来补偿试剂或液体处理系统性能的漂移与灵敏度变化。

由于无硅水难以制备,试剂里会含有硅,如果采用传统零点校正,零水其实是含有硅的,会造成读数的偏低。9610 硅表的零点校正有以下几种方式:

①若采用的是 HACH 试剂,则可直接输入试剂 R1 中的空白值(已知)。

②若采用的是 HACH 试剂进行手动校准:根据软件版本的不同可采取倒加药的方式或 2 倍试剂减 1 倍试剂的方式。

③若采用的是用户自配试剂,则采用的是 2 倍试剂减 1 倍试剂的方式进行零点校准。

(1)倒加药方式的零点校准

由于钼酸盐和硅的反应速率通常需要几分钟的时间,因此,在 9610 硅表在校正零点时,先让样品水和草酸、硫酸亚铁铵混合 1 min,然后再与钼酸盐混合 1 min。由于样品中的硅无时间与钼酸盐反应,因此,样品中的硅不会被记录为零点值,而钼酸盐由于试剂已经是配置好的,其中的硅与钼酸盐有充分的时间混合。因此,钼酸盐中的硅将被记录为零点值试。草酸、硫酸亚铁铵中的硅,由于在平时正常测量时,没足够的时间参与反应,因此,也不会被记录为零点值。

(2)2 倍试剂减 1 倍试剂方式的零点校准

测量顺序与样品测量顺序一样,测量两个周期,其中第一个周期测量到的值为 M_1,第二个周期加 2 倍的试剂量测量到的值为 M_2,把 M_2 减去 M_1 得到零点值。

由于钼蓝法具有极佳的线性度,仪器即使采用 500 μg/L 的标准样品来进行校准也可以保证准确测量二氧化硅浓度仅为 10 μg/L 的水样。因此,建议不要自行配制浓度很低的标准样品,原因是无硅水制备很困难,配制过程中极易受到环境中的硅的污染。一般情况下,操作者自行配制的低浓度二氧化硅标液可靠性差,用这种校准样品校准仪器造成很大的测量误差。一般来说,标准样品应由仪器厂家提供,自行配制的标准样品须经权威技术部门认定。

第 *14* 章
钠离子在线分析仪

　　钠(Na)离子是水中最常见的无机离子,广泛存在于天然水中,其含量从小于 1 mg/L 到大于 10 000 mg/L 不等。在工业用水过程中,钠离子一般是与一些阴离子共存成盐而存在的,通过对钠离子的检测,可以间接了解水中是否存在可能对水质有影响的阴离子,如氯化物、含氧酸根等。在工业纯水处理过程中,常采用钠离子检测化学水处理过程中阳床阳离子交换树脂是否饱和,而作为再生的报警指示。在热电行业中,钠离子常用作蒸汽质量检测指标、凝结水污染监测指标。对凝结水泵出口水中钠离子浓度进行连续测定,可以在早期发现给水或冷凝水中的钠离子浓度异常变化,防止冷凝管的严重泄漏事故的发生。

14.1　钠离子在线分析仪测量原理与特殊处理

14.1.1　钠离子在线分析仪测量原理

　　水中钠离子的测定采用的是钠离子电极法。与所有其他离子选择性电极一样,钠离子电极通过离子浓度差引起的电势差来反映待测离子浓度大小。电势差是相对于参比电极来确定的,参比电极一般使用甘汞电极或氯化银电极。钠离子电极与 pH 电极一样,都是一种玻璃电极。pH 电极的玻璃泡表面的硅胶层对氢离子浓度的变化比较敏感,而钠离子电极的硅胶层对于钠离子的微小变化也非常敏感,只是玻璃泡的敏感膜中加入了一些特殊的化学物质,增强了对钠离子的敏感性。钠电极对钠离子浓度变化的响应呈对数关系。这种关系可由如下的能斯特方程来描述:

$$E = E_0 + 2.3(RT/nF)\log(C/C_{iso}) \tag{14.1}$$

式中　E——测得的电极电位值,mV;

　　　E_0——当 C 与 C_{iso} 相时的电位,mV;

　　　R——理想气体常数;

　　　T——样水的绝对温度,K;

　　　n——被测离子的价态(钠离子为+1 价);

　　　F——法拉第常数;

C——钠离子的有效浓度(即离子活度);

C_{iso}——当电位 E 不随温度变化时的钠离子浓度(活度)。

测量的电位值与温度和被测离子的浓度有关。为了消除温度波动所引起的测量误差,钠表通常在测定系统中加入温度检测元件,以实时测定样品温度对测量值进行温度补偿。从能斯特方程可知,25 ℃时钠离子选择电极对 10 倍离子浓度变化的理论响应值为 59.16 mV。这被称为电极的斜率(S)。然而大多数的电极并不显示出理论的斜率值。因此,需要对仪表进行标定以确定电极的实际斜率值。

14.1.2　离子干扰的去除

由于检测的水样中钠离子的浓度一般是 ppm 级甚至是 ppb 级的,这时水样中的阳离子(如:H^+、K^+、NH_4^+)对钠电极会有不同程度的选择性,从而产生干扰。其中尤以氢离子的干扰最大,所以在检测微量钠离子时,一般会采取调节 pH 值达到不影响钠离子检测的范围内,来确保分析结果的准确性和可靠性。常用的样品碱化剂主要有:二异丙胺、浓氨水、二乙胺等。对于碱化剂的加入,可以采用蠕动泵进行加注,对于易挥发的二异丙胺,则可以利用样品流动时产生的虹吸作用,通过将碱化剂自行挥发进入样品,以达到碱化样品的目的。另外,充分碱化的水样的电导率大大增加,能够降低水样静电对测量电位的影响。钠离子活动系数受到总离子强度影响,当足量碱化,能保证每次测量的总离子强度稳定,从而提高测量准确性。当测量水样钠离子浓度低于 1 ppb 时候,防止氨的电离,电离出来的 NH_4^+ 影响钠离子测量,需要增加碱化剂。

14.1.3　电极的钝化的处理

钠玻璃电极头上是一层水合硅酸钠的凝胶层。一般来说,钠电极长期处于钠离子浓度低于 1 ppb 的溶液中,凝胶层的钠离子就会逐渐地消耗掉而会慢慢变得迟钝,即所谓的"钝化"现象。电极钝化后,其响应速度下降,响应时间变长,造成检测滞后,因此必须定期、及时进行"活化"处理,也称电极再生。

在测量系统中,合理设计流路,定期对钠离子电极进行活化处理,可以保证测量过程的可靠性。钠离子电极活化的方法市面上主要有两种,一种是采用腐蚀性的蚀刻溶液(含 HF);另一种是 $NaNO_3$ 活化液(Polymetron 专有)。第一种方法是将钠电极钝化的玻璃敏感膜用酸腐蚀掉,使具有活性的玻璃敏感膜暴露出来,此种方法虽然解决的钠电极钝化的问题,但蚀刻的方法会一定程度上影响电极的使用寿命,同时蚀刻溶液带来了二次化学污染。后一种方法是将电极浸泡在高浓度的钠离子溶液里,依靠钠离子浓度差使钝化的玻璃凝胶层中钠离子恢复到钝化前的水平,从而使玻璃敏感膜重新活化。

14.2　钠离子在线分析仪结构特点

钠离子在线分析仪的主要构成包括测量电极部分、样品 pH 调节部分和信号检测处理部分组成(图 14.1)。以 HACH 9600 sc 钠表为例,NA9600 sc 钠离子分析仪使用钠玻璃电极监测钠离子浓度,量程 0 ~ 10 000 ppb,检出限低至 0.01 ppb,电极自动活化,系统自动校准,是一款响应快、维护量低的在线钠离子分析仪。其主要仪器特点如下：

①NA9600 sc 钠离子分析仪采用高灵敏度钠玻璃电极监测钠离子浓度,测量范围 0 ~ 10 000 ppb,检出限低至 0.01 ppb。

②电极自动活化,钠离子分析仪配备自动校准系统,响应速度快,准确度高。

③NA9600 sc 钠离子分析仪维护量低,每 90 d 更换一次试剂、每年更换一次试剂管和钠电极,维护次数少。

④钠离子分析仪可选配 Prognosys 预诊断功能避免停机。兼容多种通信模块,包括 HART,PROFIBUS DP,MODBUS。

⑤NA9600 sc 钠离子分析仪防护等级高,体积小巧易集成。

⑥NA9600 sc 钠离子分析仪具有中文操作菜单,同时显示多通道数据。

9600 sc 技术指标见表 14.1。

图 14.1　钠离子分析仪

表 14.1　9600sc 钠表技术指标

测量范围	0.01 ~ 10 000 ppb,非阳床应用; 0.01 ~ 200 ppm,阳床应用
准确度	未配备阳床泵的分析仪:0.01 ~ 2 ppb:±0.1 ppb; 2 ~ 10 000 ppb:±5%; 配备阳床泵的分析仪:0.01 ~ 40 ppb:±2 ppb; 40 ppb ~ 200 ppm:±5%
重复性	小于 0.02 ppb 或读数的 1.5%（取较大者）; 样品温度变化在±10 ℃以内
检出限	0.01 ppb

续表

响应时间	$0.1 \sim 10$ ppb:$T_{90} \leqslant 3$ min;$T_{95} \leqslant 4$ min; $1 \sim 100$ ppb:$T_{90} < 2$ min;$T_{95} < 3$ min(大约150 s)
校准方法	自动:两点已知添加法。手动:1或2个点
样品调节剂	非阳床应用:25 ℃时以二异丙胺(DIPA)(1 L/90 d)调节样品,使其pH值达到10.5; 阳床应用:25 ℃时以DIPA(1 L/月)调节样品,使其pH值达到10.5
通道数量	1、2或4个,顺序可编程
样品中悬浮 固体浓度	<2 NTU,无油,无油脂。如果为锅炉水样品,建议安装约100 μm的过滤器
酸度	<50 ppm,非阳床应用; <250 ppm,阳床应用
样品温度	$5 \sim 45$ ℃
环境温度	$5 \sim 50$ ℃
样品压力	$0.2 \sim 6$ bar
样品流速	$100 \sim 150$ mL/min($6 \sim 9$ L/h)
入口	样品入口和样品旁通排放口:接6 mm外径硬管的推入式快接接头
出口	化学废液及漏液排放口:接7/16″内径软管的推入式接头
电源要求(电压)	$100 \sim 240$ V AC
电源要求(频率)	50/60 Hz
防护等级	带外壳的分析仪:NEMA 4/IP65; 不带外壳的分析仪:IP65,PCBA外罩
显示屏	5.7″彩色LCD屏
模拟输出	6个隔离的$0 \sim 20$ mA或$4 \sim 20$ mA模拟输出; 负载阻抗:600 Ω(最大); 接线:$0.644 \sim 1.29$ mm^2($24 \sim 16$ AWG)电线;推荐使用$0.644 \sim 0.812$ mm^2($24 \sim 20$ AWG)双绞屏蔽线
继电器输出	6个;类型:无源SPDT继电器,额定电流5 A(电阻负载),最高电压240 VAC; 连接:$1.0 \sim 1.29$ mm^2($18 \sim 16$ AWG)电线;推荐使用1.0 mm^2(18 AWG)绞线,线缆外径$5 \sim 8$ mm
数字输入	6个,不可编程,隔离型TTL数字输入端,或作为继电/开集式输入端 $0.644 \sim 1.29$ mm^2($24 \sim 16$ AWG)电线;推荐使用$0.644 \sim 0.812$ mm^2($24 \sim 20$ AWG)绞线

续表

材料	硬质聚氨酯的箱体,PC 材料的门,PC 材料的铰链,不锈钢 304 五金件
尺寸(高×宽×深)	带外壳的分析仪:681 mm×452 mm×335 mm; 不带外壳的分析仪:681 mm×452 mm×254 mm
重量	带外壳的分析仪:不带试剂时 20 kg; 不带外壳的分析仪:不带试剂时 14 kg
维护时间间隔	每 90 d 一次:补充电解液、活化液、调节液和校准液

测量电极系统包括钠离子选择电极、参比电极和温度测量电极。这三个电极安装在流通测量池内,为保证参比电极电位的稳定,一般采用氯化钾补充式参比电极,适当的微量渗漏速度会保证参比电极不会因为氯化钾的渗透流失而产生参比电位的波动,仪表正测量值的稳定性。测量池一般采用有机材质来防止金属材质的腐蚀而导致金属离子引入测量系统。电极法的测量一般要求样品的流速恒定,因此,9600 sc 钠表在进水管上设置有进水流量阀可以调节进样的流速在仪表要求的范围内,同时设计上采用了一个带有溢流功能的样品池,样品先进入到这个溢流池内保证样品有一个恒定的液位高度,利用高度差使样品经恒定的流速进入测量池内,多余的样品从溢流池排出。测量模式如下:

1)取样:样水经过流量调节阀后进入溢流杯,多余的水样从溢流口流走,用来测量的一小部分水样向下流入测量槽的同时与碱化剂(虹吸效应)混合。流通池电导率电极会实时监测碱化后水样的电导,这就确保了被检测的样品都得到了充分的碱化。温度补偿后,通过钠电极与参比电极之间的电势差计算出钠离子的浓度。

2)活化:HACH 9600 sc 采用无腐蚀的活化液,能够对电极进行频率可编程的自动活化。在再生过程中,浓缩后的再生液被注入测定样品池中含选择性电极的流通池中,5 min 后样品重新被注入,把再生液冲洗干净后仪器重新又回到了标准的测定模式。

14.3　钠表的校准

首次启动(或存放)后让钠表分析仪工作 2 h 以达到稳定状态,然后进行校准。

随着使用时间的增加,读数可能会渐渐高于或低于实际读数。为了获得最准确的读数,需要每隔 7 d(每周)校准一次分析仪。

①按 cal(校准),然后选择"开始校准"。

②选择一个选项:仅当分析仪具有自动校准选项时才会显示该选项。

a. 自动校准:手动开始自动校准。

b. 手动偏移校准:开始 1 点手动校准。出现提示时,向溢流池中添加 200 mL 校准溶液。推荐的校准溶液为 100 ppb 或 1 000 ppb。

注意事项:请勿使用浓度低于 100 ppb 的校准溶液,因为其很快会被污染,这会改变其浓度。

c. 手动偏移+斜率校准:开始 2 点手动校准。出现提示时,向溢流池中添加校准溶液(每种校准溶液 200 mL)。推荐的校准溶液为 100 ppb 和 1 000 ppb。

重要说明:两种校准溶液的温差不得大于±5 ℃。第二种校准溶液的钠离子浓度必须比第一种校准溶液的钠离子浓度高 5～10 倍(例如,100 ppb 和 1 000 ppb)。为获得精确校准,校准溶液的钠离子浓度之间必须具有很大的差异。

注意事项:请勿使用浓度低于 100 ppb 的校准溶液,因为其很快会被污染,这会改变其浓度。

第15章
水中重金属离子在线分析仪

　　水中重金属离子的实验室检测技术最常用的方法是原子吸收分光光度法(AAS)、电感耦合等离子体-质谱法(ICP-MS)、电感耦合等离子体-发射光谱法(ICP-AES)、化学比色法、电化学分析方法以及 X 射线荧光法、中子活化法、离子色谱等方法。

　　水中重金属的在线分析方法主要有电化学分析方法及分光光度法。电化学方法包括溶出伏安法、极谱法、电位溶出法、库仑滴定法等。其中,阳极溶出伏安法和极谱法是目前水中重金属离子在线分析应用较多的方法。

15.1　溶出伏安法

　　水中重金属的在线分析方法主要有电化学分析方法及分光光度法。电化学方法包括溶出伏安法、极谱法、电位溶出法、库仑滴定法等。其中,阳极溶出伏安法和极谱法是目前水中重金属离子在线分析应用较多的方法。

15.1.1　溶出伏安法的基本原理

　　溶出伏安法(stripping voltammetry)包含电解富集和电解溶出两个过程。首先是电解富集过程。它是将工作电极固定在产生极限电流电位(图 15.1 中 D 点)上进行电解,使被测物质富集在电极上。为了提高富集效果,可同时使电极旋转或搅拌溶液,以加快被测物质输送到电极表面,富集物质的量则与电极电位、电极面积、电解时间和搅拌速度等因素有关。

　　其次是溶出过程。经过一定时间的富集后,停止搅拌,再逐渐改变工作电极电位,电位变化的方向应使电极反应与上述富集过程电极反应相反。记录所得的电流-电位曲线,称为溶出曲线,呈峰状,如图 15.1 所示,峰电流的大小与被测物质的浓度有关。

　　例如在盐酸介质中测定痕量铜、铅、镉时,首先将悬汞

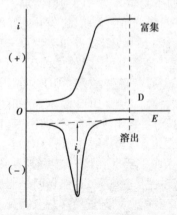

图 15.1　阳极溶出伏安法极化曲线

电极的电位固定在 -0.8 V,电解一定的时间,此时溶液中的一部分 Cu^{2+}、Pb^{2+}、Cd^{2+} 在电极上还原,并生成汞齐(汞合金),富集在悬汞电极上。电解完毕后,使悬汞电极的电位均匀地由负向正变化,首先达到可以使镉汞齐氧化的电位,这时,由于镉的氧化,产生氧化电流。当电位继续变正时,由于电极表面层中的镉已被氧化得差不多了,而电极内部的镉还来不及扩散出来,所以电流就迅速减小,这样就形成了峰状的溶出伏安曲线。同样,当悬汞电极的电位继续变正,达到铅汞齐和铜汞齐的氧化电位时,也得到相应的溶出峰。如图 15.2 所示。

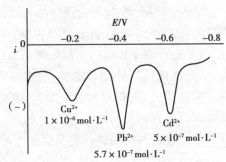

图 15.2　盐酸底液中镉、铅、铜的溶出伏安曲线

在这里,电解富集时,悬汞电极作为阴极,溶出时则作为阳极,称之为阳极溶出法。相反,悬汞电极也可作为阳极来电解富集,而作为阴极进行溶出,这样就称为阴极溶出法。

溶出伏安法的全部过程都可以在普通极谱仪上进行,也可与单扫描极谱法和脉冲极谱法结合使用,其方法灵敏度很高,可达到 $10^{-7} \sim 10^{-11}$ mol/L,特别适用于痕量分析。其主要原因是由于工作电极的表面积很小,通过电解富集,使得电极表面汞齐中金属的浓度相当大(100 ~ 1 000 倍),起了浓缩的作用,所以溶出时产生的电流也就很大。已有 30 多种元素可以通过阳极溶出伏安法测定。

传统的阳极溶出伏安法是以汞电极作为工作电极,需要采用悬汞或汞膜电极作为工作电极,汞是有毒重金属元素,分析操作过程对用户和环境存在潜在威胁,其在水质分析领域的应用受到很大的限制。

使用铋膜电极对仪器的最低检测限有影响,但完全能满足环境分析。采用镀铋膜方法,可以完全避免汞的使用。使用铋膜电极作为工作电极在重金属在线分析仪上运用有重要意义。除了铋膜电极,也有用铋合金电极作为工作电极用于阳极溶出伏安法进行检测。

检测砷、汞等元素时,不适合用汞电极和铋电极作为工作电极,通常使用金电极或金膜电极作为工作电极,在配套的电解质底液中,使用阳极溶出伏安法能较好地检测痕量的砷、汞元素。

15.1.2　溶出伏安法重金属在线分析仪的组成与维护

阳极溶出伏安法在线重金属分析仪主要由湿化学组件和电化学检测组件组成。

(1)湿化学组件

由泵管、阀、泵、定量管、电极和电解池模块组成,有的还配置 UV 消解装置。湿化学组件完成顺序注射进样、排样工作以及检测过程中电解池模块的工作模式。

进样排样部分用到了阀组和泵两种器件。阀组主要有隔膜阀组(电磁阀)和多通选择阀两种。隔膜阀响应快但液体中的颗粒物会堵塞阀体;多通选择阀相对不容易被堵塞阀体,但阀响应慢。

泵主要有蠕动泵和注射泵两类。注射泵由于无脉动输送,有如下优点:

①全称匀速运动,工作平稳无脉动。

②宽范围运行,无须清洗。

③输送不同特性的流体只需更换注射器,流量精确,控制精度高。

但注射泵不能输送含有固体颗粒的液体。

蠕动泵由于输送的介质不与泵体接触,有利于输送一些对金属腐蚀性较强的介质(如各种酸、碱溶液或者一些含氟离子的盐溶液),清洗、拆卸简单快捷。由于介质只在软管内流动,清洗仅针对软管即可。而且蠕动泵软管的安装和拆卸都比较简单;由于压辊工作时从切向挤压软管,而且具有较低的转速,因此在输送一些比较敏感、易破损的介质时具有独特的优势;耐久性良好,适合各种工业或实验室条件,有很好的自吸功能,非虹吸,可干转并自吸。但使用柔性管,会使承受压力受到限制且泵在运行时会产生一个脉冲电流,脉冲电流会对其他电路尤其是电化学工作站有强烈的影响(前面的隔膜阀也会产生脉冲电流),解决方法是使用保护电路(脉冲抑制器)来屏蔽。

图15.3是比较常见的在线分析仪的管路结构,同电解池共同构成在线分析仪的湿化学组件。阀组采用多通阀,泵采用注射泵。同样用隔膜阀组和蠕动泵也能构成在线分析仪的管路结构。

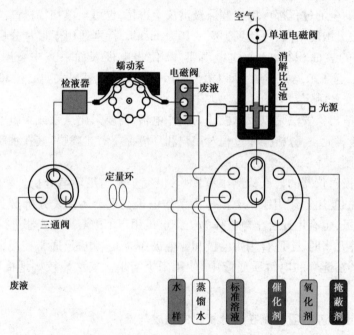

图15.3　溶出伏安法重金属在线分析仪的湿化学组件

(2)电化学检测组件

电化学检测组件包含控制系统和电化学工作站。

常见的控制系统由工业电脑(工业主板)和PLC组成。工业电脑负责电化学工作站输入输出以采集电极的电化学信号,并对信号处理计算。PLC对湿化学组件的各个器件的正常工作加以控制。工业电脑和PLC一般通过串口通信以使其控制的各电化学工作站和湿化学组件相互配合。

随着嵌入式系统的运用,电化学检测组件得以简化,采用单片机嵌入式技术,将控制系统中工业电脑和 PLC 的功能集成在微处理系统上,使工业电脑和 PLC 之间通信命令转变为嵌入式系统内部命令,减少了工业电脑和 PLC 之间可能出现的通信错误,降低故障率。

以阳极溶出伏安法为检测方法的重金属在线分析仪的各个电化学反应过程是由电化学仪器——电化学工作站来完成(也能完成极谱功能,通常极谱仪也能完成此项工作,如瑞士万通的 797 伏安极谱仪)。电化学工作站作为检测装置是在线分析仪的核心部件,其优劣决定了在线分析仪的灵敏度和精度。

电化学工作站通常包括一个控制电极电势的恒电位仪(或一个控制通过电解池电流的恒电流仪)、一个产生扰动信号的函数发生器(信号发生器)以及可以测量采集的电流 I、电位 E 和时间 t 的数据记录器(信号接收器)。电化学工作站与电极连接。恒电位仪以及放大器和其他用于控制电流和电压的模块,是由一些运算放大器构成的模拟器件,能够处理模拟信号如电压(源自函数发生器)的电子系统。函数发生器在过去是由模拟电路构成,由于近年来数字电路的发展,恒电位仪所需的模拟信号由主机(计算机)D/A 产生。记录器负责信号的接收,通常是将电化学反应产生的模拟信号经 A/D 传入主机,由主机来进行信号的传输、记录和处理。信号采用数字量进行传输、运算比模拟量处理的失真度小,较真实地反映了电极上电化学反应的信号;同时用数字电路替代部分模拟电路,极大地简化了电路设计和用软件控制数字电路产生各种所需的信号,使电化学工作站进一步微型化并拓展更多的功能成为可能。

重金属在线分析仪的组成除了湿化学组件和电化学检测组件,还具有显示屏(触摸屏),便于人机对话操作,仪器整体为机柜,通过 RS-232 或 RS-485 协议和外界通信。

15.1.3 典型产品

大多数水中重金属在线分析仪生产商都以无汞溶出伏安法分析技术作为在线分析仪的分析方法。

国外厂商的此类产品主要有:美国 HACH 公司 EZ6000 系列,美国微检(TraceDetect)公司的 Metal Guard 在线金属分析仪和专用于水中微量砷检测的 ArsenicGuard 在线砷分析仪;加拿大伊创科技(Etran)的 EcaMon TE10 重金属在线分析仪;英国现代水务(Modern Water)的 OVA5000 重金属在线分析仪;比利时 AppliTek 公司的 VPA 重金属在线分析仪;美国 UniBest 优佰达集团公司的 MetalGuard 在线水质预警重金属分析仪;加拿大 AVVOR 公司的 9000 在线重金属含量测试仪;瑞士万通(Metrohm)的 ADI2045 在线伏安极谱仪。

国内厂家的此类产品主要有深圳朗石的 NanoTek9000 重金属在线分析仪;长沙华时捷的 HSJ-DII 多参数在线分析仪;力合科技(湖南)的 LFTZ-DW2005 重金属在线分析仪;杭州聚光的 HMA-2000 系列水质重金属在线分析仪;江苏德林的 DL2020 系列水质在线分析仪等。

(1)瑞士万通(Metrohm)的 ADI2045

ADI2045 VA Process Analyzer 是瑞士万通(Metrohm)第二代先进的在线伏安极谱仪,内置工业 PC,以汞电极作为工作电极,如图 15.4 所示。由 PC 软件控制测定,记录测定数据并评估结果。结构合理的软件,使得操作非常简单。而且预先安装 Metrohm 应用报告和应用简报中所有方法。

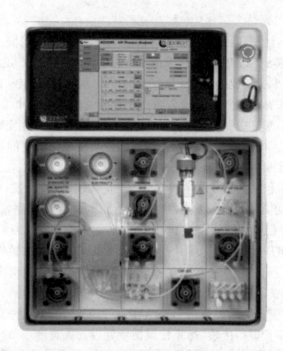

图 15.4　ADI2045 在线伏安极谱仪

最新设计的内置恒电位器,保证高灵敏度、低噪音。工作电极选择 Metrohm 独有的多功能电极(MME)和各种材料的旋转圆盘电极。

仪器特点:

①采用最新设计的 MME 多功能电极。

②配备最新设计的恒电位器,灵敏度极高,多种离子的分析达到超痕量的检测限。

③采用高精度定量装置,可达 1/15 000 的精度。

④可以同时分析多流路样品。

⑤多达 220 个现成重要的分析方法。

⑥可根据要求按多种格式输出结果。

⑦在线消解装置,消除有机物的干扰。

⑧Windows 模式的用户界面,操作简单。

⑨USB 接口与电脑连接。

多功能电极是 ADI2045 的一大特点。一小滴在毛细管末端形成的汞滴成为此系统的工作电极。此工作电极包含一个 6 mL 的汞池,是 797 伏安极谱仪的工作电极。其优点在于每次形成的薄层汞电极都是新鲜产生的、无须清洗电极表面。此系统汞的消耗非常低,此汞池可存储 200 000 滴汞,可足够用于>10 000 次分析或约 200 d 的操作。测量中或分析后消耗的汞以非常安全方式收集和存储。

ADI2045 可用于测定水中铝、氨、亚硝酸根、铜、钴、镍、锌、锰、钼、铊、锑、铋、铁、钒等,主要用于化学工业、废水处理工业和电厂等领域。

(2)美国 HACH 公司 EZ6000 系列

美国 HACH 公司 EZ6000 系列重金属/微量金属在线分析仪(图 15.5)采用电化学阳极溶出伏安法,用于银、砷、镉、汞、铅、硒等一个或多个参数的在线测量,适用于地表水、地下水和饮用水等行业。

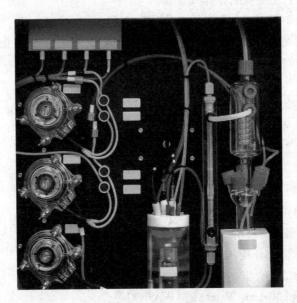

图 15.5　美国 HACH 公司 EZ6000 系列重金属/微量金属在线分析仪

仪表内置样品消解单元,最高可监测 8 个流路水样。

仪器特点:

①典型低检测线:<1 μg/L。

②通过微型泵可达到更高的测量范围。

③内置数据库软件,界面操作和设置非常方便。

④模拟实验室方法,低试剂和样品消耗量,试剂可自配。

⑤内置样品消解用于结构复杂和被吸附的金属测量。

⑥便利性:自动校准、自动验证、自动清洗、自动测量准备。

⑦高选择性:特定的工作电极。

⑧出厂配置,测试和校准。

(3)加拿大伊创科技(Etran Technologies)的 EcaMon TE10

EcaMon TE10(图 15.6)是一款 1~5 参数在线重金属分析仪。它可以快速准确地自动监测重金属离子浓度,量程广,从 μg/L 至 g/L。EcaMon TE10 充分利用了简单且有效的 SaFIA 流通系统,该流通系统中有一个专利的紧凑电解池。同时,1~5 个独立的分析单元可以安装在一台仪器中,从而使得一台仪器可以同时监测 5 个参数(更多参数可选)。

EcaMon TE10 采用多种改良的电化学溶出法(阳极溶出法、阴极溶出法和电位溶出法等)及库仑滴定法,检测各种重金属离子浓度。首先将分析溶液在一定条件下进行预电解,使待测成分富集于工作电极上,接着使溶液静止一段时间,然后再使富集于工作电极上的待测物溶出。整个测量过程中不使用有毒试剂,特制的长寿

图 15.6　EcaMon TE10

命无汞电极更加保证了使用者的操作安全。

测量元素：EcaMon TE10 可以监测大部分重金属元素，如 As,Hg,Pb,Cu,Bi,Tl,Cd,Zn,Se,Mn,Fe,Ni,Cr,Au,Ag 等；以及部分非金属元素，如 Cl^-,Br^-,I^-,$S2^-$,PO_4^{3-},NH_3,EDTA,抗坏血酸维生素 C 等。它们的检测下限大部分可达到 0.1 μg/L(0.1 ppb)。

功能特点：

①专利的电化学检测池。

②抗干扰能力力强，不受颜色影响。

③灵敏度和选择性高。

④测量量程范围广。

⑤先进的样品流通系统，防泄漏和堵塞。

⑥断电恢复后，自动进入运行模式。

⑦使用无汞电极和无毒性的试剂。

⑧废液可直接排放，对环境无污染。

⑨维护简单，运行成本低。

（4）英国现代水务（Modern Water）的 OVA7000

OVA7000（图 15.7）自配电脑，可通过无线或有线网络与其他电脑联机，通过键盘远程操作。这种分离的外部控制防止了未经允许的擅自对设置、测量等的改动。OVA7000 为模块设计，分为试剂仓与测量仓，置于轻便、坚固的外壳内。

OVA7000 可检测多种金属（如：As,Cd,Cr,Cu,Hg,Ni,Pb,Se,Tl,Zn 等），检测浓度可低达 0.5~5 μg/L，颜色及浊度对测量结果没有影响。可监测废水、工业用水、河水及饮用水。水样预处理包括酸/UV 消解及过滤。

图 15.7　OVA7000　　　　　　　　　　图 15.8　HMA-2000

(5) 聚光科技 HMA-2000

HMA-2000(图 15.8)系列重金属在线分析仪基于电化学方法对重金属进行在线监测,对环境无害,适用于测定多种水样的重金属在线监测,可检测组分达二十多种,例如锑(Sb)、砷(As)、铋(Bi)、镉(Cd)、铬(Cr)、钴(Co)、铜(Cu)、金(Au)、铁(Fe)、铅(Pb)、汞(Hg)、锰(Mn)、银(Ag)、硒(Se)、铊(Tl)、钼(Mo)、镍(Ni)、锌(Zn)等,典型检测重金属项目包括铅(Pb)、镉(Cd)、砷(As)、汞(Hg),可同时分析多种元素,如铜(Cu)、镉(Cd)、锌(Zn)、铅(Pb)等。能够根据用户需求对监测项目进行定制,满足各种应用场合的需求。

HMA-2000 主要基于电化学伏安溶出分析方法。根据分析对象,选择合适的前处理方式、合适的电极和电极处理方式,以及合适的分析环境,仪器通过三个阶段对水中的重金属进行检测:第一阶段预电解富集:水样经过前处理系统进行处理后,通过顺序注射系统流经电解池单元,在电解池中,对工作电极施加一定的电势对被分析组分进行预电解富集,使被测金属富集于工作电极上;第二阶段静止:电解池维持静止,采用一定的方式让重金属稳定的存在于工作电极上并消除水中气态物质对测定过程的干扰;第三阶段溶出:采用特定的方式使富集于工作电极上的被测重金属从电极上溶出,获得被测组分的波形,根据波形(峰位置和峰高)确定被测组分和被测组分的浓度。

HMA-2000 可用于饮用水(包括自来水厂、饮用水源地)中重金属在线监测;未受有机物污染河水、湖水中重金属的在线监测;重点行业(电镀、有色金属冶炼、电子、钢铁行业等);水处理设施排放口在线监测;市政污水处理设施排放口重金属在线监测。

15.2　分光光度法

15.2.1　分光光度法无机离子分析原理及种类

分光光度法是利用某些物质中价电子能级跃迁对 200 ~ 800 nm 光谱区辐射的吸收,从而产生分子的可见紫外吸收光谱,对物质进行定性、定量及结构分析。它是一种基于物质对光的选择性吸收的特性而建立的分析方法,而无机离子与这些物质结合后,会使物质对特定光的吸收产生变化,无机离子的浓度越大,变化越大,定量依据为朗伯-比耳定律。

目前,此方法已成为测定无机离子的重要方法之一,是使用最为广泛、价格比较低廉的分析监测手段,具有设备简单、方法可靠、简便快速等优点。分光光度法与流动注射或顺序注射装置联用,可实现环境水质无机离子的全自动在线分析。

分光光度法无机离子在线分析仪的生产厂家较多,产品的种类繁多,主要包括以下几种:六价铬/总铬在线测定仪、水质铅测定仪、锌离子/总锌测定仪、锰离子/总锰测定仪、水质镍/总镍测定仪、总铁测定仪、铜离子/总铜测定仪等。国家标准与行业标准中采用分光光度法测重金属的相关标准见表 15.1。

表 15.1　采用分光光度法测定水中重金属的相关标准

监测项目	分析试剂	比色波长/nm	试样体积/mL	上限浓度/(mg·L⁻¹)	最低检出浓度/(mg·L⁻¹)	方法依据
总砷	二乙基二硫代氨基甲酸银	530	50	0.50	0.007	GB 7485—87
总铅	二硫腙	510	100	0.30	0.010	GB 7470—87
总铬	二苯碳酰二肼	540	50	1.0	0.004	GB 7466—87
六价铬	二苯碳酰二肼	540	50	1.0	0.004	GB 7467—87
铍	铬菁 R	582	10	0.04	0.000 2	HJ/T 58—2000
锌	二硫腙	535	100	0.05	0.005	GB 7472—87
镉	二硫腙	518	100	0.05	0.001	GB 7471—87
总汞	二硫腙	500	250	0.04	0.002	GB 7469—87
锰	高碘酸钾	525	25	3	0.02	GB 11906—89
锰	甲醛肟	450	50	4.0	0.01	HJ/T 344—2007
钒	钽试剂	440	10 mm	10	0.018	GB/T 15503—1995
铜	二乙基二硫代氨基甲酸钠	440	50	6	0.010	HJ 485—2009
铜	2,9-二甲基-1,10-菲啰啉	457	15	1.3	0.03	HJ 486—2009
银	3,5-Br₂-PADAP	570	25	1.0	0.02	HJ 489—2009
银	镉试剂 2B	554	25	0.8	0.01	HJ 490—2009
钴	5-氯-2-(吡啶偶氮)-1,3-二氨基苯	570	20	0.500	0.009	HJ 550—2015
铁	邻菲啰啉	510	50	5.00	0.03	HJ/T 345—2007
镍	丁二酮肟	530	10	10	0.25	GB 11910—89

15.2.2　典型产品

(1)HACH HMA 重金属系列在线分析仪

HACH 公司 HMA 重金属系列在线分析仪如图 15.9 所示。

1)六价铬在线分析仪:仪器采用比色分光光度法检测。水样在酸性溶液中,六价铬与二苯碳酰二肼(DPC)生成紫红色化合物,于波长 540 nm 处进行分光光度测定,根据样品初始的颜色,与加入显色剂之后的颜色不同,利用比色计进行比色法测量,最后计算并得出六价铬的浓度值。

2)总铬在线分析仪:仪器采用比色分光光度法检测。水样在酸性溶液和一定的温度及压力下,水样中各种价态铬被氧化成六价铬。六价铬与二苯碳酰二肼(DPC)生成紫红色化合物,于波长 540 nm 处进行分光光度测定,根据样品初始的颜色,与加入显色剂之后的颜色不同,利用比色计进行比色法测量,最后计算并得出六价铬的浓度值。

图 15.9　HACH HMA 重金属系列在线分析仪

3)总铜在线分析仪:仪器采用比色分光光度法检测。仪器采用高温消解水样,将水样中的络合铜、有机铜等转化为二价铜离子。再通过还原剂盐酸羟胺将二价铜转化为亚铜,采用浴铜灵作为显色剂,亚铜离子与浴铜灵反应产生黄棕色络合物。该络合物浓度与水样中的总铜浓度成正相关。于波长 470 nm 处进行分光光度测定,根据样品初始的颜色,与加入显色剂之后的颜色不同,比较两者之间的差异分析样品的浓度。该络合物浓度与水样中的总铜浓度成正相关。于波长 470 nm 处进行分光光度测定,根据样品初始的颜色,与加入显色剂之后的颜色不同,比较两者之间的差异,分析样品的浓度。

4)总镍在线分析仪:仪器采用比色分光光度法检测,采用高温消解水样,消解试剂添加到水样中。样品被泵送至高温消化单元。样品中的总镍被消解成二价镍离子。二价镍离子在氧化剂(过硫酸铵)的环境下,在碱性溶液中与丁二酮肟形成橙棕色有色络合物。于波长 470 nm 处进行分光光度测定,根据样品初始的颜色,与加入显色剂之后的颜色不同,比较两者之间的差异,分析样品的浓度。

5)总锰在线分析仪:仪器采用比色分光光度法检测,样品先被添加消解试剂,然后被泵送至高温消化单元,采用高温消解。样品中的总锰被消解成二价锰离子。样品的二价锰离子在微碱性溶液中与甲醛肟反应,并形成褐色的有色络合物于波长 470 nm 处进行分光光度测定,根据样品初始的颜色,与加入显色剂之后的颜色变化的不同程度,来确定分析样品的浓度。

(2)聚光 SIA-2000 比色法金属离子在线监测仪

聚光科技 SIA-2000 系列重金属在线分析仪(图 15.10)基于顺序注射技术和比色法技术平台,可满足环保污染源/地表水/工业生产过程用水/市政污水中的重金属污染物的在线监测需求。

图 15.10　聚光科技 SIA-2000

该系列包含六价铬、总铬、总锰/锰离子、总锌/锌离子、总铜/铜离子、总镍/镍离子、总铁/铁离子、总银/银离子在线监测的分析仪。

产品特点：

①微升定量：液体输送和计量期间的注射泵采用步进电机和光电编码器闭环控制技术，最小定量体积达 1 μL，可以保证各次注入的水样与化学试剂体积保持高度一致。

②多通道切换：集成 6 个或 8 个甚至 10 个或者更多的通道，用于流路通道的切换，简化了流路控制，且避免了传统分析仪上电磁阀的内部死体积问题。

③宽范围的检测单元：可以根据检测需要选择相应的测量波长。

④测量组分的可扩展性：能够通过不同试剂组合以及检测波长的选择，在同一分析平台上实现不同参数分析或者多参数的同步分析。

（3）英国 Mtalyser AMSTD6000 在线重金属分析仪

Mtalyser AMSTD6000（图 15.11）在线重金属分析仪由英国锶瑞特科技（中国）有限公司与英国 Trace2o 公司联合设计并在英国生产。

AMSTD6000 在线重金属分析仪，是一款远程水体重金属监测工作站，仪器采用国际认证的光度法原理进行分析测试，配套一套电脑系统对整个系统进行控制，并可选配安装数据传输单元，实现了远程无人值守。

AMSTD6000 整个系统通过一个 8.4″的防水触控电脑控制。选配的基于手机网络的数据传输系统，更可以将数据实时传入目标服务器，供有关部门监控分析。并在系统内部设置警戒报警数值，当目标数值超出警戒值，会通过手机短信系统将警报发送至最多 10 部不同的手机。

图 15.11　Mtalyser AMSTD6000

参考文献

[1] 程立.在线水质分析仪器应用技术的发展[J].分析仪器,2011(2):75-78.

[2] 霍兵.加快水质在线监测系统研制为水资源管理提供装备支撑[J].水利水电技术,2004, 35(4):101-103.

[3] 刘洋,赵定华,黄伟明,等.在线水质仪在城市污水处理厂精确曝气中的应用[J].水处理技术,2012,38(5):119-121.

[4] 黄志敏,李科杰,许海平.流动注射式水质在线测控系统的研究[J].仪器仪表学报,2005, 26(4):343-346.

[5] 孙海林,左航,贺鹏,等.污染源水质 COD 在线仪器比对监测[J].中国环境监测,2014,30 (4):179-182.

[6] 陈青,邱勇,常杪等.基于环境管理需求的 COD 在线监测技术改进建议[J].中国给水排水,2015,31(22):27-32.

[7] 徐涛,高玉成,叶振忠,等.水质 TOC 分析仪器的现状及其检测技术的新进展[J].仪器仪表学报,2002,23:224-227.

[8] 黄伟明,武云志.营养盐在线分析仪表在污水处理厂的应用[J].中国给水排水,2014,30 (8):30-32.

[9] 邓光南,曾文魁,付少华,等.硅酸根分析仪在火电厂水处理中的应用[J].工业水处理, 2002,12(11):41-43.

[10] 哈希公司.水质分析实用手册[M].2 版.北京:化学工业出版社,2016.

[11] 郑书忠,朱传俊,等.工业水处理水质分析及药剂质量性能评价实用手册[M].北京:中国标准出版社,2015.

[12] 任珺,王刚.城市饮用水水质评价与分析[M].北京:中国环境科学出版社,2008.

[13] 王有志.水质分析技术[M].2 版.北京:化学工业出版社,2018.